高并发系统

设计原理与实践

唐扬◎著

U0264897

人民邮电出版社

北　京

图书在版编目（CIP）数据

高并发系统：设计原理与实践 / 唐扬著. -- 北京：
人民邮电出版社，2025. -- ISBN 978-7-115-66205-7

Ⅰ. TP311.11

中国国家版本馆 CIP 数据核字第 2025VQ9881 号

内 容 提 要

　　本书主要探讨高并发场景下系统设计的原理和实践案例，帮助读者系统、快速地理解高并发系统的设计原理与相关实践，以及掌握解决高并发场景下可能遇到的各种问题的方法。

　　本书共 6 章。第 1 章介绍高并发系统的发展历史、设计难点和基本设计原则，以及度量指标；第 2～4 章介绍有助于提升高并发系统可用性的 3 种方法——系统容错、冗余和分片；第 5 章从提升高并发系统性能的角度讲解并发与异步的原理和实践技巧；第 6 章从系统运维和团队流程管理两个角度讲解如何提升团队对高并发系统的把控性，进而提升系统的可用性。

　　本书既适合软件开发人员阅读，也适合对高并发系统设计感兴趣的科研人员和计算机相关专业的学生阅读，还可用作中小型企业的内训教材。

　　◆ 著　　　　　唐　扬

　　　　责任编辑　贾　静

　　　　责任印制　王　郁　胡　南

　　◆ 人民邮电出版社出版发行　　北京市丰台区成寿寺路 11 号

　　　　邮编　100164　电子邮件　315@ptpress.com.cn

　　　　网址　https://www.ptpress.com.cn

　　　　大厂回族自治县聚鑫印刷有限责任公司印刷

　　◆ 开本：700×1000　1/16

　　　　印张：12.5　　　　　　　　2025 年 4 月第 1 版

　　　　字数：195 千字　　　　　　2025 年 4 月河北第 1 次印刷

定价：69.80 元

读者服务热线：(010)81055410　印装质量热线：(010)81055316
反盗版热线：(010)81055315

前言

随着互联网的迅猛发展，全球网民数量以及网民在网络上消耗的时间都明显增长，随之而来的就是互联网系统的并发量明显提升。以下是几个我们曾参与其中的案例：

- QuestMobile 的数据显示，2023 年"双 11"期间，购物类 App 的日均活跃用户数约为 7.0 亿；
- 2024 年春运期间，火车票官方售票网站 12306 的单日最高售票量创下春运历史纪录，达到 2090.1 万张，单日最高访问量达 838.8 亿次；
- 在 2015 年除夕第一次出现抢红包的互动形式时，微信"摇一摇"的互动峰值达到了每分钟 8.1 亿次。

然而，并不是只有开发、运维这些大型应用的开发和运维人员才会面对高并发的问题。无论是电子商务、社交网络、在线娱乐还是金融服务等方面的系统，当面对运营活动时，都可能需要处理大量的并发请求，需要系统开发和运维人员确保系统在高负载下仍然能保持稳定、高效运行。

前瞻产业研究院在 2024 年发布的一份报告中指出，在全球从事软件行业的公司中，99% 以上是中小微企业。对于这些企业运维的系统来说，其日均活跃用户数不会超过百万，请求量也不高，因此其开发人员缺少高并发系统设计的经验。

而在当今竞争激烈的技术行业，高并发系统设计成了许多岗位的必备技能之一。无论是互联网公司、金融机构还是其他企业，都对具备高并发系统设计技能的候选人持有很高的需求。这是因为高并发系统设计不仅代表着对系统架构和性能优化的深入理解，更意味着候选人具备解决复杂技术难题的能力。因此，对于求职者而言，精通高并发系统设计成了一张极具吸引力的名片，是打开许多公司大门的"钥匙"之一。因此，缺乏高并发系统设计经验的开发人员，亟需一本系统、全面地讲解高并发系统设计的图书，帮助他们更深入地理解和应用高并发系统设计技术。

本书的内容覆盖高并发系统设计和运维，旨在帮助读者系统、快速地掌握设计和搭建高并发系统的原理，学习互联网"大厂"积累的与高并发系统相关的实践经验。

高并发系统的设计是本书的重点内容，本书先明确设计难点是系统的高可用和访问的高性能，然后展开讲解 4 个基本设计原则（面向失败编程、可扩展、缓存和并发）及其实现方式。做好运维，是保证高并发系统的高可用和高性能的重要手段，本书将从系统运维和团队流程管理两个角度展开。

本书共 6 章，内容组织如下。

第 1 章，从高并发系统的发展历史讲起，重点介绍高并发系统的设计难点、基本设计原则和度量指标。需要注意，高并发系统的 4 个基本设计原则对应了众多方式，如系统容错、冗余、分片等，这些内容将在后续章节展开。通常情况下，在高并发系统的设计中，系统的高可用可以通过面向失败编程、可扩展和缓存这 3 个基本设计原则的实现来保证，访问的高性能可以通过并发这一基本设计原则的实现来保证。如图 0-1 中两条虚线所示。

第 2 章，讲解系统容错的 6 种实现方式，包括重试、熔断、降级、超时、限流和隔离。系统容错用于解决当系统出现局部问题时如何确保整体系统的高可用的问题。

第 3 章，讲解冗余的 3 种实现方式，包括存储资源冗余、计算资源冗余和机房冗余。其中，存储资源冗余包括存储冗余、缓存冗余、CDN 冗余；计算资源冗余的主要实现方式是服务器冗余；而机房冗余则将存储资源和计算资源作为实现冗余的方法，从而提升系统跨机房、跨地域的可用性。

第 4 章，介绍分片，包括数据库分片和缓存分片这两种实现方式，以及分片后引入的新问题及对应的解决方案。

第 5 章，介绍并发与异步，这是提高高并发系统访问性能的常用手段。本章先介绍并发与异步的区别，然后介绍并发编程的实现方式、安全性与性能，最后介绍使用消息队列实现异步编程时可能遇到的问题及相应的解决方案。

第 6 章，从系统运维和团队流程管理两个角度介绍高并发系统的运维。从系统运维角度，本章将介绍如何通过全链路监控、报警系统、全链路压测和故障演练发现系统问题、性能瓶颈和系统可用性方面的薄弱点；从团队流程管理角度，本章将从变更流程、SOP 文档、故障复盘机制和日常系统梳理方面介绍如何在团队内构建稳定性保障流程，从而提升高并发系统的可用性。

本书的内容组织结构如图 0-1 所示。

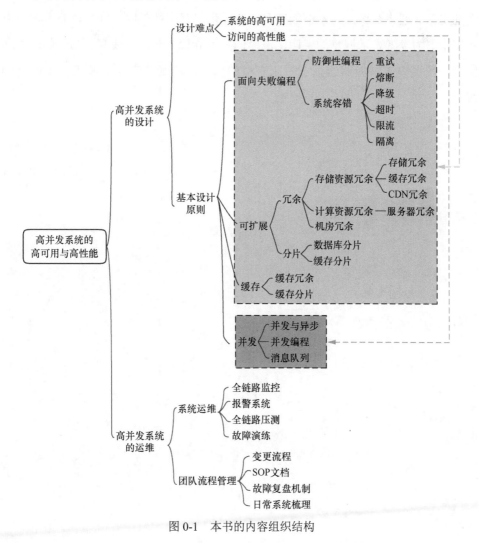

图 0-1   本书的内容组织结构

本书案例的代码主要使用的是 Java 语言，在讲解熔断开源实现时用到了 Go 语言。为方便阅读，本书将在正文和代码注释中对代码的主要逻辑、重点和难点进行讲解，因此不要求读者同时具备 Java 和 Go 的语言基础。

最后，我要向许多人表达最诚挚的感谢和深深的敬意，本书的完成离不开他们的支持、帮助和鼓励。首先，我要感谢我的家人，他们在我最需要支持和理解的时候给予了我最大程度的关爱和包容，让我有了充分的精力和动力投入写作；其次，我要衷心感谢我的领导，他们在我职业生涯的各个阶段都给予了我无私的指导、支持和鼓励；同时，我还要感谢所有参与本书撰写和编辑的同事们，他们辛勤工作、通力合作，为本书的顺利完成提供了坚实的保障；最后，我要向所有阅读本书的读者表示诚挚的感谢，是你们的支持和关注，让我有了写作的动力和信心。我希望本书能够给读者带来有益的指导，成为读者学习和工作中的良师益友。

唐扬

2024 年 9 月

资源与支持

资源获取

本书提供如下资源：

- 本书思维导图；
- 异步社区 7 天 VIP 会员。

要获得以上资源，您可以扫描下方二维码，根据指引领取。

提交勘误

作者和编辑已尽最大努力来确保书中内容的准确性，但难免会存在疏漏。欢迎您将发现的问题反馈给我们，帮助我们提升图书的质量。

当您发现错误时，请登录异步社区（https://www.epubit.com），按书名搜索，进入本书页面，点击"发表勘误"，输入勘误信息，点击"提交勘误"按钮即可（见下页图）。本书的作者和编辑会对您提交的勘误进行审核，确认并接受后，您将获赠异步社区的 100 积分。积分可用于在异步社区兑换优惠券、样书或奖品。

与我们联系

我们的联系邮箱是 contact@epubit.com.cn。

如果您对本书有任何疑问或建议，请您发邮件给我们，并请在邮件标题中注明本书书名，以便我们更高效地做出反馈。

如果您有兴趣出版图书、录制教学视频，或者参与图书翻译、技术审校等工作，可以发邮件给本书的责任编辑（jiajing@ptpress.com.cn）。

如果您所在的学校、培训机构或企业想批量购买本书或异步社区出版的其他图书，也可以发邮件给我们。

如果您在网上发现有针对异步社区出品图书的各种形式的盗版行为，包括对图书全部或部分内容的非授权传播，请您将怀疑有侵权行为的链接发邮件给我们。您的这一举动是对作者权益的保护，也是我们持续为您提供有价值的内容的动力之源。

关于异步社区和异步图书

"异步社区"（www.epubit.com）是由人民邮电出版社创办的 IT 专业图书社区，于 2015 年 8 月上线运营，致力于优质内容的出版和分享，为读者提供高品质的学习内容，为作译者提供专业的出版服务，实现作译者与读者的在线交流互动，以及传统出版与数字出版的融合发展。

"异步图书"是异步社区策划的精品 IT 图书的品牌，依托人民邮电出版社在计算机图书领域 30 余年的发展与积淀。异步图书面向 IT 行业以及各行业使用相关技术的用户。

目录

第1章

高并发系统概述

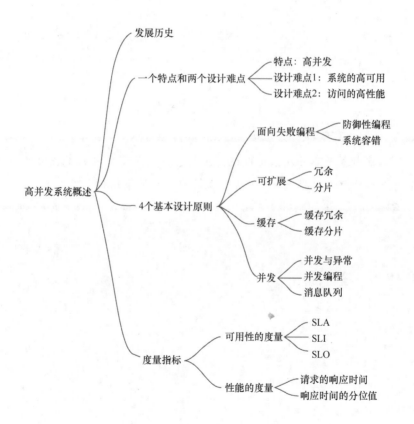

发展历史

一个特点和两个设计难点
特点：高并发
设计难点1：系统的高可用
设计难点2：访问的高性能

高并发系统概述

4个基本设计原则
面向失败编程
防御性编程
系统容错

可扩展
冗余
分片

缓存
缓存冗余
缓存分片

并发
并发与异常
并发编程
消息队列

度量指标
可用性的度量
SLA
SLI
SLO

性能的度量
请求的响应时间
响应时间的分位值

本章内容是高并发系统概述，主要包括高并发系统的发展历史、一个特点和两个设计难点、4个基本设计原则和度量指标。

1.1　高并发系统的发展历史

Web 1.0 时代的互联网处于早期发展阶段，在这个时代，互联网的主要功能是提供静态的内容展示，用户主要是被动地消费内容，而不会参与内容的创造和分享，因此这个时代的互联网也被称为"只读网络"，其标志性的应用就是三大门户网站——新浪、搜狐和网易。

在 Web 1.0 时代里并没有产生所谓高并发的概念，原因就在于虽然这三大门户网站的日均页面浏览量（page view，PV）已经超过千万，但是因为其"只读"的特性，网站的维护者只需要使用内容分发网络（content delivery network，CDN）和静态文件缓存组件就能够应对用户的大量请求。

随着 Meta（曾用名 Facebook）、微博等社交媒体的风靡，互联网也正式进入了 Web 2.0 时代。在这个时代，高并发逐渐成了行业内的核心话题，导致这种情况出现的原因主要有以下两个。

- 无论是社交媒体，还是电商应用，抑或是直播短视频业务，都不再是网站让用户看什么用户就看什么，而是用户会更加深入地参与到网站的核心流程中。随之而来的问题是，网站的维护者只通过 CDN 和静态文件缓存组件不能应对来自用户的请求，需要考虑使用分布式缓存、限流、降级、熔断、隔离等技术，系统的复杂度也大大地提高了。

- 移动应用的兴起和移动网络技术的快速发展，标志着互联网正式进入移动互联网的时代。在这个时代，用户使用互联网的门槛大大降低了。随之而来的问题是，全球网民数量暴涨，给系统带来了大量的并发流量。这是"高并发"被广泛讨论的更主要的原因。

1.2　高并发系统的设计难点

在 Web 2.0 时代，涌现出了许多拥有海量用户的应用，它们所承受的并发流量是 Web 1.0 时代的网站无法想象的。如此大的并发流量，给系统带来的技术挑战是前所未有的。对承受如此大并发流量的高并发系统来说，系统设计的难点主要有两个：系统的高可用和访问的高性能。

1.2.1   系统的高可用

在维基百科中，高可用（high availability，HA）的定义是系统无中断地执行其功能的能力，代表系统的可用性程度，是进行系统设计时的准则之一。系统无中断地运行其功能的时间越长，代表系统的高可用越好。在很多开源组件中，都有保证高可用的方案。

例如，Redis 的官方文档中专门有一部分用来介绍 Redis 的高可用方案——哨兵（sentinel），该方案的示意如图 1-1 所示。哨兵节点是一组独立部署的进程，每个进程会定期向 Redis 主节点和从节点发送命令，探测它们是否存活。如果主节点没有正确地响应命令，那么哨兵节点就会触发 Redis 集群的主从切换，重新为 Redis 集群指定一个能够正常运行的从节点作为主节点。

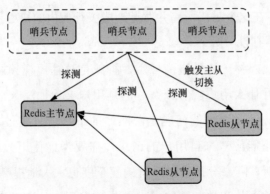

图 1-1   哨兵高可用方案的示意

再如，在 Hadoop 1.0 中，用来存储集群元信息的 NameNode 只有一个，没有提供高可用方案。NameNode 相当于整个 Hadoop 集群的心脏，一旦发生故障对整体系统的影响非常大，因此 Hadoop 2.0 提供了 NameNode 的高可用方案，即系统中除了存在一个正常运行的 NameNode（active NameNode），还存在一个备用 NameNode（standby NameNode）。正常运行的 NameNode 和备用 NameNode 之间可以通过共享存储文件来共享数据。当正常运行的 NameNode 发生故障时，备用 NameNode 会自动代替故障的 NameNode，成为新的正常运行的 NameNode 提供给集群使用。

对于任何系统来说，保证系统的高可用是一名开发人员的首要任务，而在现实的系统运维过程中，影响系统可用性的原因有很多。下面就介绍几个重要的原因。

影响系统可用性的一个原因是系统可能随时发生灾难性的"黑天鹅"事件，这对整体系统可用性的影响是巨大的。庞大的系统中存在海量的服务和资源，这些服务和资源之间的关系错综复杂。即使开发和运维人员在保障系统高可用方面采取了多种措施，也很难做到尽善尽美。一个小的疏漏可能就会导致系统的全盘崩溃。

例如，2022 年 12 月 18 日，阿里云香港 Region 的可用区 C 出现了一次近 14 个小时的故障[1]，故障的原因简单来说就是机房里的制冷系统出现了问题，机房里 4 套主备制冷系统共用了一套水路循环系统，导致制冷系统无法做到主备切换，必须花 3 个多小时等待制冷设备供应商来现场处理；供应商来了之后，又花了 2 个多小时对制冷系统进行了补水排气，结果在尝试重启制冷设备的时候，发现制冷系统存在一个群控的逻辑，导致无法重启单台制冷设备。于是，供应商又花了 3 个多小时来解除这个群控逻辑，并且对全部 4 台制冷设备进行了重启。在故障发生了近 11 个小时之后，机房的温度终于趋于稳定了。

在整个处理过程中还发生了一个插曲，就是在整体机房温度没有恢复正常的时候，机房的一个包间竟然触发了强制消防喷淋，所以在机房温度恢复正常之后，阿里云没有对这个包间的服务器直接上电，担心服务器进水导致数据丢失，因此阿里云又不得不对触发强制消防喷淋的包间内的服务器做了数据完整性校验，这个过程又延续了 3 个多小时。

总结这个案例可以得出，无论是设计系统还是设计系统故障时的应急响应都需要注意以下 3 个关键点。

- 不能忽视系统中的单点问题。例如，制冷系统存在单点问题，虽然有主备制冷系统，但是它们共用一套水路循环系统，一旦水路循环系统发生故障，主备制冷系统都不能正常工作。
- 做好预案，且要经过完善的故障演练。预案不足或预案没有经过完善的故障演练，可能导致切换备用制冷系统不成功；又因存在群控逻辑而无法重启单台制冷设备，需要由供应商现场修改配置来解除群控逻辑，导

---

1 此案例于 2024 年 9 月 20 日引自阿里云发布的"关于阿里云香港 Region 可用区 C 服务中断事件的说明"。

致故障的解决时间延长了几个小时。对于一些互联网系统，尤其是"头部"互联网公司的核心系统，系统的高可用至关重要，即使出现一个小时的故障都可能带来不可估量的损失。

- 高可用策略不能只是理论上的高可用，需要能在实践中真正发挥作用。2021年，我维护的一个系统就出现了"只是理论上的高可用"的问题。当时，我维护的系统已经在云上做了多可用区部署，保证发生故障时可以把系统流量从一个可用区切换到另一个可用区，但是因为部署流量切换系统、监控系统、报警系统等多个运维系统的可用区恰好发生了故障，导致高可用策略失效。

当然，"黑天鹅"事件发生的概率非常小，可一旦发生，对于系统来说就是致命的灾难。然而无独有偶，在2023年，国内因为机房制冷系统故障导致的系统长时间故障又接连发生了2起。此类故障不仅会给公司带来巨大的经济损失，还会严重影响用户体验和伤害公司信誉等。因此，排除故障隐患、演练故障预案，是降低"黑天鹅"事件影响的必做之事。

影响系统可用性的另一个原因是突发流量。突发流量的典型载体是以微博为代表的社交媒体，它们经常会因突发流量而出现不可用的问题。大型的社交媒体往往拥有海量的用户，极大地加快了信息流动的速度。用户可以非常便捷地在社交媒体上获取信息，一些热点事件也更容易在社交媒体上发酵，短时间内带来大量的用户访问请求，给系统带来极大的冲击，影响系统的可用性。

影响系统可用性的更重要原因是系统变更。《SRE：Google运维解密》一书中提到：SRE的经验告诉我们，大概70%的生产事故由某种部署的变更而触发。这里提到的变更不仅仅是代码的变更，也包括数据的变更和配置的变更等。因此，开发团队需要关注变更的流程，如规定合适的变更时间、变更前准备必要的检查清单等，这部分内容将在6.5.1节详细介绍。

1.2.2　访问的高性能

系统性能是影响用户体验的直接因素，谷歌针对网页的用户体验提出了一个指标——与下一次绘制的交互（interaction to next paint，INP），它会在网页的生命周期中记录用户与网页所有交互的延迟时间（包含输入延迟、处理延迟和展示延迟），以度量网页对用户交互的总体响应速度。低 INP 意味着网页能够可靠地响应用户交互。INP 分为以下 3 个等级。

- INP 小于等于 200 ms：表明网页的响应速度良好，用户基本感知不到网页的刷新和渲染。
- INP 大于 200 ms 但是小于等于 500 ms：表明网页响应速度有一定的优化空间。
- INP 大于 500 ms：表明网页响应性差，用户体验也比较差，需要进行网页加载优化。

优化 INP 的方式是多种多样的，如减少请求服务端次数、优化接口响应时间、延迟加载、使用页面缓存等。在服务端优化 INP 是非常直接的方式之一，而优化接口响应时间一般有以下两个思路：

- 提高系统的并行能力，让系统在单位时间内能够处理更多请求；
- 缩短单次请求的响应时间。

下面分别介绍这两个思路。

1．提高系统的并行能力

阿姆达尔定律（Amdahl's law）由吉恩·阿姆达尔（Gene Amdahl）在 1967 年提出，是描述计算机系统设计的重要定量原理之一。在高并发系统设计中，阿姆达尔定律描述的是在固定负载下，并发进程数与响应时间之间的关系。

在固定负载下，并行计算加速比（即进行并行化处理后，系统处理任务的效率提升情况）可以定义为 R，R 越大表示并行化处理后效率提升越明显，即系统响应时间越短；R 越小表示并行化处理后效率提升越不明显，即系统响应时间越长。R 可以用式（1.1）表示：

$$R = (W_s + W_p) / (W_s + W_p / n) \tag{1.1}$$

其中，W_s 表示任务中串行进程的计算量，W_p 表示任务中并行进程的计算量，n 表示并行化处理的节点个数。从式（1.1）可以推导出式（1.2）：

$$R = 1 / (1 - p + p / n) \tag{1.2}$$

其中，n 表示并行化处理的节点个数，p 表示并行任务数占总体任务数的比例。

当 $p=1$ 时，即任务全部是并行任务时，$R=n$；当 $p=0$ 时，即任务全部是串行任务时，$R=1$，也就是完全无加速；当 n 趋近于无穷大时，也就是拥有无限个并行化处理节点时，$R=1/(1-p)$，此时 R 和 p 正相关，即并行任务数占总体任务数的比例越高，R 越大。

2. 缩短单次请求的响应时间

想要缩短单次请求的响应时间，首先要判断系统是 CPU 密集型还是 I/O 密集型的，因为优化不同类型的系统性能的方式不尽相同。

CPU 密集型系统需要处理大量的 CPU 运算，因此选用更高效的算法或者减少 CPU 运算次数就是这类系统性能的优化方式。例如，如果系统的主要任务是计算哈希值，那么这时选用更高效的哈希算法就可以大大提升系统的性能。发现 CPU 过载问题的主要方式，是通过一些 CPU 剖析工具（如针对 Linux 系统的 perf、eBPF、gperftools 等）来找到消耗 CPU 时间最多的方法或者模块。

I/O 密集型系统的主要特点是系统中请求的大部分时间都用在等待 I/O 读写操作完成。当前大多数互联网系统都属于 I/O 密集型系统。如果观察这类系统的运行指标，就会发现系统中计算资源的 CPU 使用率的峰值基本上在 40% ～ 50%，这就是因为系统中请求的大部分时间都用在等待 I/O 读写操作完成了，如等待数据库、缓存中的数据返回，或者等待依赖的其他服务的请求返回，CPU 反倒处于相对空闲的状态。这类系统的优化方式多是减少 I/O 读写操作的次数和耗时，如优化数据库的慢查询，使用速度更快、性能更好的缓存来减少对数据库的请求，使用连接池来减少连接的频繁创建，等等。

1.3　高并发系统的基本设计原则

"高并发、高性能、高可用"通常被称为高并发系统的"三高"，高并发是高并发系统的特点，而高性能和高可用是高并发系统的设计难点。但是不同的高并发系统面对的业务场景不同，设计方案也会有比较大的不同。那么，在设计高并

发系统的时候是否有一些通用的原则呢？当然是有的。下面将介绍高并发系统的
4 个基本设计原则：

- 面向失败编程；
- 可扩展；
- 缓存；
- 并发。

这 4 个基本设计原则，为设计高并发系统的设计提供了一个通用框架，但具
体的实施细节需要根据实际的业务需求、技术栈和系统特点来定制，并需要考虑
其他因素（如系统的安全性、可维护性和成本效益等）。

下面分别介绍这 4 个基本设计原则。

1.3.1 面向失败编程

在一个使用大量服务器横向扩展的系统中，因某一台或某几台服务器故障而
影响系统的高可用就变成了常态。假设一个业务使用了一万台服务器，即使每
天每台服务器的故障概率只有万分之一，那么集群中每天依然会有服务器发生
故障。

为了保障系统的高可用，就必须在系统设计、开发和部署的全过程中，时
刻考虑在服务异常、服务器故障的场景下，如何确保故障不影响整体系统的可
用性。

面向失败编程是软件设计和开发的一种理念，其核心思想在于假设系统的组
件、服务或依赖的服务和组件一定会发生故障，并在设计和开发中考虑这些故
障，以确保系统在发生故障后能够保持稳定运行或快速恢复。

面向失败编程的实现方式有很多，在系统设计时可以考虑使用多种系统容错
手段来避免局部的故障影响整体系统的可用性，而在系统开发时可以考虑使用防
御性编程。

1. 系统容错

系统容错指的是系统在发生局部错误或者故障的时候，仍能够继续提供服务
而不中断，其关键在于自动触发容错机制，尽量避免人为参与。系统容错的常用

手段有 6 个：重试、熔断、降级、超时、限流和隔离。

下面先看两个系统容错手段的实现案例。

案例 1：在社交媒体（如微博）中，用户发布内容时，如果遇到写入数据库失败的情况，可能会导致内容丢失。然而，如果在写入数据库失败时，能够将该内容作为一条消息写入消息队列，并配置一个消息队列的处理程序来消费这些异常消息，然后重新将其写入数据库，那么在数据库短暂故障期间，系统就能够很好地容错。这是降级的一个实现案例。

案例 2：在系统架构设计中，网关通常充当系统的入口，负责接收和转发外部流量。所有进入系统的流量都必须由网关进行转发，因此，网关的可用性对整个系统至关重要。如果一些非核心接口的响应速度较慢，导致网关的线程资源被阻塞，那么网关转发流量的效率就会降低，进而影响整个系统的可用性。为了解决这个问题，可以考虑将响应速度较慢的非核心接口隔离到一个独立的"慢"网关上，这样就能够防止这些接口影响整个系统的可用性。这是隔离的一个实现案例。

系统容错是面向失败编程的重要实现方式，也是本书的重点内容，将在第 2章详细介绍。

2．防御性编程

防御性编程是一种比较常见的编程方法。顾名思义，防御性编程指的是在编程过程中对于可预见的错误提前采取防御性措施，以避免系统崩溃的方法。

我曾处理过一次系统故障，这个故障的根源是系统运行过程中一个异常被吞没，使得某个比较耗时的初始化方法没有被正常初始化，而系统每次请求都要调用这个初始化方法，使得系统整体的响应时间异常延长，最终导致了系统崩溃。

常见的防御性编程有以下 3 种。

- 输入验证：对系统接收到的所有输入数据进行有效性验证，确保输入数据符合预期的格式、范围和类型，防止用户恶意输入造成安全漏洞和错误。
- 错误处理：合理地处理各种可能的错误场景，如类型转换错误、依赖系统故障、网络异常等。及时捕获和记录异常信息，采取适当的措施进行错误恢复或提示用户进行操作。

- 降级开关：任何的线上变更都需要增加降级开关，以保证一旦出现问题便可通过操作降级开关实现快速回滚。

1.3.2 可扩展

互联网系统的流量通常是具有潮汐特点的，如常见的白天流量低、晚上流量高，工作日流量低、非工作日流量高。但仍然会有一些不符合潮汐特点的特殊情况，可能是突发热点事件带来的突增流量，也可能是运营活动带来的超预期流量等，而应对这些预期外的突发流量是每一个系统的开发和运维人员要面临的挑战。

应对突发流量的方案通常是通过扩容来提升系统的可扩展性，而扩容又分为纵向扩容（scale-up）和横向扩容（scale-out）。

纵向扩容，指的是通过提升单个硬件节点的性能来提升系统的并发处理能力。这种方案的效果受到摩尔定律的影响。摩尔定律由英特尔公司的创始人之一Gordon Moore 在 1965 年 4 月提出，用来描述信息技术的一种发展趋势，即在价格不变的情况下，集成电路上晶体管的数量在 18 个月左右就要翻一番，性能也增加一倍。

根据摩尔定律，系统的硬件性能应该会随着时间的推移而稳步提升。然而，在实际应用中，诸多因素（如制造工艺的瓶颈、物理限制、制造成本等）会影响硬件性能的提升，使其不能完全遵守摩尔定律。近年来，硬件性能的提升遇到了瓶颈，因此对摩尔定律的质疑声此起彼伏。随着互联网系统的发展和应用场景的复杂化，纵向扩容单位成本带来的性能提升效果明显下降。

因此，需要通过横向扩容的方式来提升系统的可扩展性。横向扩容，指的是通过使用大量的小规格服务器组成分布式集群来共同应对高并发大流量的冲击。使用横向扩容时需要考虑以下 4 个方面。

- 数据分片：将系统中的数据按照某种规则分割成多份，并存储在不同的节点上。数据分片可以降低单个节点的负载，提高系统的并发处理能力。数据分片的关键在于选择合适的分割规则，确保数据均匀地存储在各个节点上，同时保证分割后的数据仍然可以被有效地查询和操作。

- 负载均衡：将流量有效地分发到多个节点。负载均衡器可以根据一定的策略将流量分发到不同的节点，以避免单个节点负载过高。
- 无状态化：尽量减少节点之间的状态依赖，使得任意节点都可以处理任意请求，从而实现系统的横向扩展。无状态化的关键在于将状态从节点中分离出来，采用外部化存储或共享存储来管理状态数据，以确保节点的无状态性和易于横向扩展。
- 数据一致性：在分布式环境下，保证数据一致性是一个重要挑战。不同的业务需求可能对一致性有不同的要求，需要根据业务的具体情况并权衡数据的一致性与系统的性能之间的关系，选择合适的数据一致性方案，并采取相应的数据同步与冲突解决策略。

横向扩容固然可以突破硬件性能的瓶颈，但是需要更复杂的分布式架构设计和管理，有一定的开发和维护成本。

1.3.3 缓存

缓存通过牺牲空间来换取时间，以提升高并发系统的性能。不过，缓存并不是 Web 2.0 时代的产物，而是在计算机技术发展早期，为了解决 CPU 指令的执行速度和内存访问速度的差距问题而产生的。

正如之前提到的，摩尔定律指出：集成电路上可以容纳的晶体管数量大约每经过 18 个月便会增加一倍。换言之，处理器的性能大约每 18 个月会翻一倍，而 CPU 的性能也遵循着这一定律按指数级提升。

然而，在指令执行的过程中，除了需要 CPU 的参与，还需要从内存中查找并传输数据，而内存访问速度远远小于 CPU 指令的执行速度。因此，为了缩小 CPU 指令的执行速度和内存访问速度之间的差距，缓存被引入并发展起来，它可以加速数据的访问和处理过程。

目前 CPU 的时钟周期通常在纳秒级别，而 CPU 访问内存的时间约为 100 ns，这意味着访问内存的时间大约是 CPU 时钟周期的 100 倍。这就导致 CPU 在执行指令时大部分时间都在等待从内存中获取数据，造成了 CPU 的空闲。

为了解决这个问题，CPU 内部增加了多级缓存，数据从内存中取回之后会

暂时存储在 CPU 的一级缓存（L1 cache）和二级缓存（L2 cache）中。这样，当
CPU 需要访问数据时，它可以首先尝试在缓存中查找，而不是直接从内存中读
取。由于缓存的访问时间较短，一级缓存的访问时间约为 0.5 ns，二级缓存的访
问时间约为 7 ns，这与 CPU 的时钟周期比较相近，因此 CPU 可以更充分地利用
计算资源，提升指令执行的性能。

这就是使用缓存提升系统性能的典型案例，也是缓存最初的应用场景之一。
实际上，缓存被提出时的定义就是：访问速度比一般随机存储器（random access
memory，RAM）的访问速度更快的随机存储器。然而，随着 IT 行业的发展，缓
存的外延也被大大扩展了，凡是处于访问速度相差较大的硬件之间，用于协调两
者之间访问速度差异的组件都可以被称为缓存。

超文本传送协议（hypertext transfer protocol，HTTP）的缓存机制，是在互
联网系统中经常出现且比较成熟的机制，是缓存的典型实现。下面以 HTTP 的缓
存机制为例，讲解缓存这个基本设计原则。如果没有 HTTP 的缓存机制，那么客
户端每次请求都需要服务端（运行在服务器上）重新生成相同的页面数据，这会
导致以下 3 个问题。

- 提高服务器负载：服务器需要处理大量重复的请求，重复执行包括生成
  页面数据、数据库查询等操作，这会提高服务器的负载，降低系统的响
  应能力。
- 增加请求的处理时间：每次收到重复请求，服务器都需要从头开始生成
  页面数据，这会增加请求的处理时间，导致客户端等待时间变长。
- 消耗网络带宽资源：每次收到重复请求，服务器都需要返回相同的页面
  数据，这会消耗大量的网络带宽资源，尤其是对于大型网站或高流量网
  站来说，这个问题的影响更为显著。

因此，通过使用 HTTP 的缓存机制，服务器可以在首次收到请求时将页面数
据缓存到客户端上，在后续发送相同请求时客户端直接从缓存中获取数据，这样
就可以避免重复生成页面数据的开销了。

HTTP 的缓存机制主要是由 "Expires" 和 "Cache-Control" 这两个 HTTP 响
应首部来实现的。

"Expires" 设置了缓存资源的过期时间，它是一个绝对时间，过了这个时间，

缓存就失效了，必须重新从服务端获取最新的资源。例如，"Expires: Wed, 21 Feb 2024 07:28:00 GMT"表示缓存资源的过期时间是格林尼治标准时 2024 年 2 月 21 日 7 点 28 分。

"Expires"是在 HTTP/1.0 引入的，其在 HTTP/1.1 被"Cache-Control:max-age"代替。需要注意"Cache-Control:max-age"使用的过期时间是相对时间，例如"Cache-Control:max-age:2000"代表的是缓存资源 2 s 以后过期。

"Cache-Control"通过指定指令来实现 HTTP 的缓存机制，它有 3 个比较重要的缓存响应指令：

- "Cache-Control:no-store"表示缓存不应存储有关客户端请求或服务器响应的任何内容，即不使用任何缓存，直接向服务端请求获取资源；
- "Cache-Control:no-cache"表示无论缓存资源是否过期，在发布缓存副本之前，强制要求缓存把请求提交给原始服务器验证有效性；
- "Cache-Control:must-revalidate"表示一旦缓存资源过期，在成功向原始服务器提交请求进行验证之前，缓存不能用该资源响应后续请求。

为了进一步降低服务端的负载和带宽消耗，HTTP 还制定了缓存资源在服务端的两种验证机制——Last-Modified 机制和 ETag 机制。

Last-Modified 机制通过 HTTP 响应首部"Last-Modified"和 HTTP 请求首部"If-Modified-Since"实现。

缓存资源在返回 HTTP 客户端的时候会带着一个 HTTP 响应首部"Last-Modified"，表示此资源在服务端的最近一次修改时间，这个时间会和资源一起被 HTTP 客户端缓存起来。例如"Last-Modified: Wed, 8 May 2024 15:31:30 GMT"表示此资源在服务端的最近一次修改时间是格林尼治标准时 2024 年 5 月 8 日 15 点 31 分 30 秒。

然后，HTTP 客户端再请求同一个资源的时候，会在"If-Modified-Since"请求首部中带上这个最近一次修改时间。服务端解析这个最近一次修改时间，判断资源在这个时间之后是否有修改，如果没有修改则直接返回 304 状态码，否则返回资源并在响应首部里更新资源的最近一次修改时间，这样 HTTP 客户端也可以同步更新最近一次修改时间。

不过这种机制有一个问题，如果资源被修改后又被恢复，就会造成最近一次修改时间变了但是资源并没有修改的情况。因此，HTTP 提供了另一种服务端验证机制——ETag 机制。

在缓存资源返回的时候，服务端会给缓存资源计算一个唯一的 ID，然后把 ID 放在"ETag"这个 HTTP 响应首部里，客户端缓存就可以把这个 ID 和资源一并缓存起来。下次再请求同样的资源时，HTTP 客户端会在 HTTP 请求首部"If-None-Match"里带上这个 ID，服务端解析出这个 ID 后会把服务端的资源按照同样的计算方式算出 ID，并对两个 ID 做比较，如果相同就直接返回 304，否则返回服务端更新了的资源和新的 ID 给客户端。ETag 机制虽然可以保证很强的缓存一致性，但是由于每次请求都需要服务端重新计算资源的 ID，因此会有一些性能的损耗。

除了 HTTP 的缓存机制，在高并发系统的设计和开发过程中，缓存机制还有多种实现，本书将会从缓存冗余和缓存分片两个方面展开。这些内容将分布在第 3 章和第 4 章中，尤其集中在 3.3 节和 4.2 节。

1.3.4　并发

并发和并行是两种任务处理方式，二者虽然都可以提升系统处理任务的效率，也都是常见的优化系统性能的手段，但含义上却有很大区别。

并行指的是多个任务在微观上同时处理。例如，在具有多核处理器的计算机上，不同的 CPU 核心可以同时执行不同的任务。而并发则是指多个任务在宏观上看似同时处理，实际上是通过共享一个计算单元、快速交替执行来实现的。

例如，用户在个人计算机上一边听歌一边使用文档编辑程序写年终总结，音乐播放和文档编辑就是两个任务。如果这台个人计算机的 CPU 核心数恰好是两个，那么就可以使用一个 CPU 核心来处理音乐播放任务，使用另一个 CPU 核心来处理文档编辑任务，这就是并行。但如果这台个人计算机的 CPU 核心数是一个，那么就只能规定这个 CPU 核心 50% 的时间处理音乐播放任务，另外 50% 的时间处理文档编辑任务，两个任务交替占用 CPU 核心的时间片来运行，这就是并发。

由于系统的 CPU 核心数不能无限多,在高并发系统设计中使用并发的场景更多。系统实现并发的方式有很多,常见的有多进程、多线程和多协程这 3 种方式。

多进程指的是在操作系统中同时运行多个独立的进程,并发地执行多个任务。这种方式的优点在于每个进程都有独立的内存空间,不同进程之间相互独立,一个进程的崩溃不会影响到其他进程。它的缺点也很明显,进程的创建和销毁的开销较大,并且多个进程之间需要额外的机制进行通信,实现复杂且开销较大。

多线程指的是在同一个进程内同时执行多个线程,线程共享相同的内存空间和系统资源。线程是操作系统资源调度的基本单元,它运行在系统态,多个线程之间通过抢占 CPU 的时间片来实现并发。由于创建线程的过程比较耗时和耗费系统资源,因此开发人员通常使用池化技术来缓存未使用的线程方便后续使用。多个线程发生切换时,CPU 需要缓存当前执行线程的执行现场,这样当这个线程重新被 CPU 调度回来时可以继续执行,这个过程叫作线程的上下文切换。上下文切换的过程虽然很快,但是需要涉及一个从用户态到内核态再到用户态的变化过程,因此频繁的上下文切换对于系统来说是一个比较沉重的负担。

多协程则通过在同一个线程内切换执行多个协程来实现并发,多协程是比多线程更轻量级的一种实现并发的方式。协程完全运行在用户态,由少量的几个线程来做调度,因此上下文切换的开销很小。而且协程相比线程,占用的空间很小,基本上在千字节级别,因此在系统运行阶段调度大量的协程来并发地执行任务,可以大大提升系统的性能。

无论是多进程、多线程还是多协程,本质上都是通过技术手段让系统可以同时执行多个相关性较低的任务。从这方面来讲,异步也能起到同样的作用,而消息队列是异步的常见实现方式。

消息队列的典型使用场景就是"秒杀"的场景,当购买商品的大量请求到达后端服务器的时候,这些请求会先被写入消息队列中,后续的消息队列处理程序再逐一执行扣减库存和发货等流程。在系统开发过程中,使用消息队列可以提升系统的响应能力,降低系统的耦合度。5.4 节将详细介绍与消息队列相关的内容。

1.4　高并发系统的度量指标

著名的管理学大师彼得·德鲁克（Peter Drucker）曾经说过："You can't manage what you can't measure."运维人员在维护系统的时候，也需要对可用性和性能分别进行度量，才能衡量系统当前的可用性和性能，为后续的系统优化提供数据支撑。

1.4.1　可用性的度量

对于可用性的度量，人们经常会提到一个名词——服务等级协定（service level agreement，SLA）。

SLA 指的是服务提供者与服务使用者就服务类型、服务质量和客户付款等达成的一个共识。与 SLA 相关的另外两个名词是——服务等级指示器（service level indicator，SLI）和服务等级目标（service level objective，SLO）。

SLI 用来衡量服务水平。可以用作 SLI 的指标非常多，如可用性、吞吐量、平均响应时间和数据完整性等，选择的指标通常由服务提供者和服务使用者协商决定。

SLO 是根据选定的 SLI 设置的具体目标，用来衡量服务期望状态和目标范围。假如选择平均响应时间作为 SLI，那么可以设置 SLO 为平均响应时间小于 10 ms；而假如选择数据完整性作为 SLI，那么可以设置 SLO 为数据完整性达到 99.999% 及以上。

SLA 则在 SLO 的基础上对服务水平提出进一步的要求，可以理解为 SLA=SLO+ 违约责任。也就是说，SLA 是在没有达到 SLO 的情况下，服务提供者需要向服务使用者进行补偿的协定。如果服务提供者是一个数据存储服务提供商，它给服务使用者承诺的 SLO 为存储数据完整性达到 99.99999%，那么 SLA 可以为存储数据完整性未达到 99.99999% 时服务提供商需要向服务使用者进行补偿的协定。

可以看出，SLA 的使用范围更广，不仅可以度量可用性，还可以从性能、质量和安全性等多个维度对高并发系统进行度量。现在回到可用性的度量，业界通用的度量方法是使用故障的平均维修时间（mean time to repair，MTTR）

和平均故障间隔时间（mean time between failures，MTBF）进行度量，可以表示为式（1.3）：

$$可用性 = \frac{MTBF}{MTBF+MTTR} \tag{1.3}$$

式（1.3）计算得到的可用性是一个小于 1 的数字，通常以百分数来表示，如 90%、99%、99.9%，这就是我们经常提到的"一个 9""两个 9""三个 9"。可用性和年允许故障时间、日允许故障时间之间的对应关系，如表 1-1 所示。

表 1-1　可用性和年允许故障时间、日允许故障时间之间的对应关系

可用性	年允许故障时间	日允许故障时间
90%	36.5 d	2.4 h
99%	3.65 d	14.4 min
99.9%	8.76 h	1.44 min
99.99%	52.56 min	8.64 s
99.999%	约 5 min	0.864 s
99.9999%	约 32 s	86.4 ms

可以看出，90% 和 99% 可用性的年允许故障时间都大于 1 d，这在实践中比较容易达到。例如，开发团队和运维团队对系统的可用性做日常巡检，一旦发现问题立刻跟进处理，并且没有发生重大的"黑天鹅"事件，基本上就可以达到这一目标。而对于 99.99% 可用性，年允许故障时间为 52.56 min、日允许故障时间为 8.64 s，这对系统的开发流程、开发质量和基础设施建设提出了很高要求。

想象一下值班人员收到故障报警后处理故障的过程：

- 值班人员先打开个人计算机上的监控页面和日志系统，这时 2 ～ 3 min 的时间已经过去了；
- 值班人员需要花费 10 ～ 15 min 从监控页面和日志系统中定位故障服务和故障根源；
- 值班人员通过限流、分流、熔断、降级等手段，快速完成故障修复，这可能还需要 5 min。

因此，完成一次故障处理可能需要 20 min 左右，这意味着一年内只要发生两次这样的故障，可用性就无法达到 99.99%。

需要说明的是，上述故障处理过程有以下前提条件：

- 故障发生在工作日，换句话说，值班人员能够立即投入故障排查工作；
- 从监控页面和日志系统中能够迅速发现故障根源，而不需要逐行查看代码来排查故障原因；
- 有快速修复故障的手段，而不需要修改和发布代码；
- ……

以上任何一个条件没有满足，都可能延长故障处理的时间。

如果想要将系统的可用性提升至 99.999% 甚至 99.9999%，也就是将年允许故障时间控制在分钟级别甚至秒级别，很难只依靠人工处理来排查和处理故障。如果单纯依靠人工处理来排查和处理故障，可能在尚未查明故障原因甚至开始排查故障原因之前，故障的持续时间已经超过 5 min 了。

目前已知的可用性能够达到 99.999% 的系统，基本上都通过自动化的故障转移来处理故障。尽管 99.999% 的可用性看起来很理想，但需要投入的开发成本是巨大的。因此综合考虑投入产出比和系统对可用性的要求，绝大部分系统的可用性还是会设定为 99.99%。

高并发系统通常是服务于用户的，对可用性要求比较高，对于超过 1 d 的年允许故障时间明显是不能接受的，因此很少有高并发系统会把可用性设定为 90% 或者 99%。主流的可用性是 99.9% 和 99.99%，业务核心链路上的系统一般会将可用性设定为 99.99%，而非业务核心链路上的系统一般会将可用性设定为 99.9%。

1.4.2　性能的度量

对于性能的度量，非常直接的指标就是请求的响应时间，但是响应时间是一个瞬时指标，每一次请求都会有一个响应时间，那么当一段时间内存在多次请求时，如何度量这段时间内系统的性能呢？

计算这段时间的平均响应时间是一个解决方案，但使用平均响应时间作为度量指标，无法反映这段时间内的异常响应时间。例如，在 1 s 内系统的请求量是 100 次，其中 99 次请求的响应时间是 1 ms，另一次请求的响应时间是 1000 ms，那么在这 1 s 内的平均响应时间约等于 11 ms，看起来请求的响应时间尚可，但是无法体现响应时间过长的、异常的请求。而如果使用最长响应时间作为度量指标，固然可以体现这次异常的请求响应，但是这次异常的请求会对整个系统的响应时间造成比较大的影响。

因此，在实际工作中通常会使用响应时间的分位值来度量系统的性能。响应时间的分位值是指在一组响应时间数据中，某个特定百分比的数据所对应的响应时间。75分位值和90分位值是度量系统性能的两个常用指标，如图1-2所示。

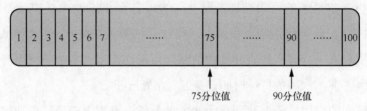

图1-2   响应时间的分位值示意

以90分位值为例，假如在一段时间内有100次请求，那么把这100次请求的响应时间按照从小到大的顺序排列，排在第90位的请求的响应时间就是90分位值。

1.5   小结

本章介绍了高并发系统的发展历史、设计难点、基本设计原则和度量指标。面对高并发系统，保证系统的高可用和访问的高性能是两个主要的设计难点，其中系统的可用性可以通过计算MTTR和MTBF来度量，系统的性能可以通过计算请求响应时间的分位值来度量。

在系统设计、开发和运维阶段，要保证系统易于横向扩容、实现系统容错，可以遵循面向失败编程、可扩展、缓存和并发这4个基本设计原则，进而保证系统的高可用和访问的高性能。

第 2 章

系统容错

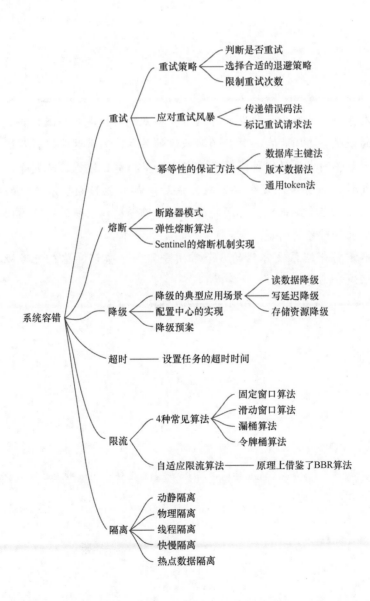

在分布式系统中，开发人员通常会将系统拆分成多个微服务。复杂系统的微服务之间存在着复杂的网状依赖关系，同时这些微服务还会依赖于大量不同类型的组件或服务节点，如数据库、缓存、队列等。任何一个组件或服务节点发生异常或错误后，都可能影响整体系统的高可用。因此，当系统出现局部问题时，如何确保整体系统的高可用成为一个需要长期思考的问题。

本章将介绍系统容错的 6 个常用手段——重试、熔断、降级、超时、限流和隔离。

2.1　重试

重试是在系统发生错误或异常时，自动或手动地尝试重新执行之前失败的操作的过程，它是高并发系统设计常用的一种系统容错手段。

一个高并发系统每秒可能会接收到数十万甚至更多的用户请求，而如果这个系统采用的是微服务架构，每个用户请求可能需要触达多个微服务、访问多个存储资源，因此每秒的总体请求量可能达到百万甚至千万级别。即使系统可用性在99.99% 以上，每秒仍可能会有成百上千次的请求失败。请求失败的原因可能包括网络抖动、服务器负载高导致请求变慢，或者系统中的代码存在缺陷导致系统短暂不可用。这些请求失败都可以通过重试来解决。

关于重试有如下两种典型的对立观点。

- 观点 1：系统一旦出错，一定要坚决地重试，只有这样才实现了系统容错；
- 观点 2：重试可能会增加系统负担，会对系统的稳定性产生负面影响，而且如果系统发生了错误，那么继续重试大概率会以失败告终，重试的必要性不强。

这两种观点都有一定的道理。重试作为系统容错的一种手段，在某些情况下是非常有效的，但是需要谨慎地设计和实施。不合适的重试策略可能会降低系统的可用性，增加系统负担。因此，重试策略需要根据具体的业务场景和系统特点来制定，合适的重试策略可以提升系统的健壮性，帮助系统更好地应对异常情况，从而提高系统的可用性。

如下是一个采用微服务架构的系统的案例，架构示意如图 2-1 所示。

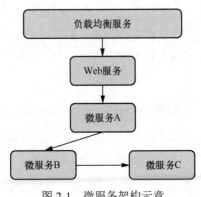

图 2-1　微服务架构示意

- 微服务入口是一层负载均衡服务；
- 负载均衡服务的下一层是功能单一的 Web 服务，该服务用来聚合多个微服务返回的数据；
- Web 服务的下层是 3 个微服务（微服务 A、微服务 B 和微服务 C）。

图 2-1 中微服务 A、微服务 B 和微服务 C 的拓扑结构是很简单的链式结构，也就是微服务A调用微服务B、微服务B调用微服务C。在这样的微服务架构下，重试会带来什么问题呢？

首先，重试会导致被调用微服务的负载提高。假如微服务 A 和微服务 B 之间的网络出现抖动，微服务 A 调用微服务 B 的请求失败，然后微服务 A 重试 n 次，那么微服务 B 承担的请求量就增加了 n 倍，这很可能造成微服务 B 的不稳定。

其次，重试可能会带来"重试风暴"。如果微服务 C 的响应时间变长，微服务 B 调用微服务 C 时可能会超时并重试，这会导致微服务 B 的响应时间变长，进而导致微服务 A 调用微服务 B 时也可能超时并重试。对微服务 A 的重试请求将继续调用微服务 B 和微服务 C，但由于微服务 C 仍未恢复，微服务 B 在调用微服务 C 时仍会重试。这样就造成了调用微服务 A 的一次请求，可能导致微服务 B 收到两次请求，微服务 C 收到 4 次请求，如图 2-2 所示。

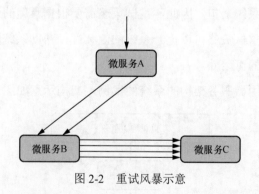

图 2-2   重试风暴示意

当系统链路上的某个节点出现性能衰减时，重试风暴会放大重试操作对系统的不利影响，导致系统性能急剧下降，进而影响整体性能和可用性。尤其对于大型的复杂系统，服务之间的调用通常是错综复杂的，一次请求需要调用几十次其他服务，如果最下游的服务发生超时导致了连环重试，那么最下游的服务大概率会被重试请求压垮，从而导致系统崩溃。因此，一定要重视重试风暴对系统的影响。

重试确实是一种必要的系统容错手段，但不当的重试策略可能会对系统产生毁灭性的影响，重试风暴只是一个典型案例。此外，不当的重试时机、短时间内集中的重试操作，都会给系统带来不利的影响。

下面将从重试策略、重试风暴的应对方式和幂等性的保证方法这 3 个角度来讲解如何设计重试才能既实现系统容错又不会导致系统崩溃。

2.1.1　重试策略

制定重试策略需要考虑：判断是否重试、选择合适的退避策略和限制重试次数。

对于庞杂的业务系统来说，大大小小的微服务可能有几百个，且绝大部分微服务都不是核心服务，在设计系统时不可能为每一个微服务配置一套重试策略。是否重试，可根据微服务的重要程度、系统的异常类型、是否使用了事务这 3 个方面来考虑。

（1）可以根据微服务的重要程度来决定是否重试。系统中非核心服务的微服务，通常采用快速失败而不是通过多次重试来保证调用的成功。

（2）可以根据系统的异常类型来决定是否重试。例如，系统出现了 IOException，但具体到 UnknownHostException 和 SocketTimeoutException 这两种异常类型，选择是否重试的结果就不同。UnknownHostException 代表的是域名解析异常，重试仍然会失败，这时候大概率不会选择重试；SocketTimeoutException 代表的是超时，重试可能就成功了，这时候大概率会选择重试。

（3）可以根据系统是否使用了事务来决定是否重试。如果使用事务来保证多个操作的原子性，那么事务中的操作需要使用重试来尽量保证事务能够执行成功，以避免事务撤销带来的额外成本。

当确定要重试某一次调用时，重试间隔也是需要重点关注的因素。在日常开发中，开发人员通常会通过循环来实现调用重试，即在第一次调用失败后立即开始重试。然而，这样做可能会在短时间内给被调用的服务带来较大压力。为避免这种情况发生，可以在每次重试调用前增加一定的时间间隔，从而有效地分散重试请求，降低被调用服务的负载，提高系统的稳定性和可靠性，这就是所谓的退避策略。常见的退避策略有以下 3 种。

（1）线性退避策略，是指固定时间间隔的退避策略。它是一种常见且易于理解的退避策略，在计算机体系中应用广泛。例如，传输控制协议（transmission control protocol，TCP）中的保活（keep alive）机制就使用了线性退避策略。保活机制是 TCP 中检测死连接的一种方法，当客户端和服务端建立的 TCP 连接长时间没有数据流时，客户端如何知道连接是否仍然存活，或者服务端是否仍然存活呢？TCP 提出了一种机制，如图 2-3 所示。

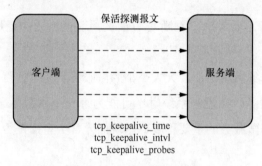

图 2-3 TCP 保活机制示意

在保活机制中，客户端会在等待一定时间（tcp_keepalive_time）后自动发送一个空报文（保活探测报文）给服务端。如果服务端回复了响应报文，则证明连接仍然存活；如果服务端没有回复响应报文，并且客户端在每隔一定时间间隔（tcp_keepalive_intvl）后进行了多次（tcp_keepalive_probes）尝试都没有收到响应报文，那么就认为连接已经丢失，客户端无须继续保持连接。这样可以避免大量空闲连接占用系统资源。在保活机制中，开发人员可以通过调整以下参数来控制重试的行为。

- tcp_keepalive_time：指定 TCP 连接空闲多久开始发送保活探测报文；
- tcp_keepalive_intvl：发送保活探测报文的时间间隔；
- tcp_keepalive_probes：在 tcp_keepalive_time 之后，客户端没有接收到服务端的响应报文，继续发送保活探测报文的次数。

可以看到，TCP 中的保活机制采用了线性退避策略，每次重试探测都有固定的重试间隔。

（2）指数退避策略，是指重试间隔呈指数递增的退避策略。在线性退避策略中，如果设置的重试间隔较小，仍可能在短时间内出现大量的重试请求。而指数退避策略通过逐渐增加重试间隔的方式来避免这种情况的发生，如式（2.1）所示：

$$重试间隔 = b^{重试次数-1} \qquad (2.1)$$

如果 b=2，式（2.1）就是指数退避算法。如果第一次的重试间隔是 1 s，那么第二次的重试间隔就是 2 s，第三次的重试间隔就是 4 s，第四次的重试间隔就是 8 s……这种策略可以很好地避免短时间内出现大量的重试请求。

这种退避策略也可以在计算机体系中找到。以 TCP 为例，其在建立连接时会进行三次握手，其中第一次握手时客户端发送一个 SYN 包。在第一次握手期间，如果网络突然中断，客户端会重试发送 SYN 包，而重试次数由内核参数 net.ipv4.tcp_syn_retries 来决定，如图 2-4 所示。在这个过程中，每次的重试间隔通常会以指数的方式递增，大约为 1 s、2 s、4 s、8 s、16 s、32 s 等。

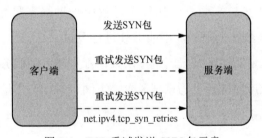

图 2-4　TCP 重试发送 SYN 包示意

（3）随机退避策略，是指采用随机的重试间隔的退避策略。在实际的系统设计和开发中，开发人员通常将随机退避策略与线性退避策略或指数退避策略结合使用，而不会单独使用随机退避策略。

在同一批请求中，无论采用指数退避策略还是线性退避策略，每次的重试间隔都是固定的，这可能导致后续的重试请求集中在某个时间点上，进而给系统带来一些固定时间上的突发流量。而随机退避策略可以通过增加一个随机变量来调整重试间隔，使得重试请求的分布更加均匀。因此，组合使用随机退避策略与线性退避策略或指数退避策略，可以有效避免重试请求集中在某个时间上，进而降低系统的负载。

组合使用随机退避策略和指数退避策略时，重试间隔的计算如式（2.2）所示：

$$重试间隔 = random(seed) + 2^{重试次数-1} \qquad (2.2)$$

在 TCP 重试发送 SYN 包的案例中，如果设计一个实验来观察重试间隔，可以发现重试间隔并不完全精确地落在 1 s、2 s、4 s 等时间点上，而是会稍有偏差，落在约 1.1 s、2.3 s、4.2 s 等时间点上，这就是组合使用随机退避策略和指数退避策略的典型案例，也是经常会出现在日常的系统设计或开发中的案例。

除了选择合适的退避策略，还要限制重试次数。例如，贝特西·拜尔（Betsy Beyer）等人在《SRE：Google 运维解密》一书中提到了与重试次数相关的原则，可以总结为以下两点：

- 限制每次的重试次数，不应该在一个循环里面无限制地对一个服务进行重试，除非代码中存在缺陷；
- 限制全局的重试次数，例如每个进程每分钟最多只允许重试 60 次，达到了重试次数的上限后，不能继续进行重试。

无论是选择退避策略还是限制重试次数，都只能限制服务节点之间一对一的重试，并不能有效应对链路上的重试风暴。下面讲解如何尽量降低重试的放大效应，以避免重试风暴的发生。

2.1.2 重试风暴的应对方式

在实际工作中，应对重试风暴的一个有效方式是，下游服务如果不想被上游调用方重试，可以在返回响应信息时增加一个错误码。上游调用方收到这个错误码后，不会重试，同时可以将错误码传递给它的上游调用方，这样它的上游调用方也不会重试。

下面是一个案例。如图 2-5 所示，在微服务 B 调用微服务 C 时，如果微服务 C 在返回响应信息时增加了一个错误码，用来标记不重试，那么后续微服务 B 就不会重试了，同时微服务 B 会把这个错误码传递给微服务 A，微服务 A 收到这个错误码后也不会重试调用微服务 B 了。这种方式可以解决重试被放大进而出现重试风暴的问题。

图 2-5 通过在返回的响应信息中增加一个错误码来应对重试风暴

不过，这种方式并不完美。如果微服务 B 在调用微服务 C 时发生超时，那么微服务 B 将无法接收来自微服务 C 的错误码，导致这种方式失效。在这种情况下，需要采取另一种应对方式。它的解决思路是，不再由下游服务来决定是否重试，而是由上游调用方来决定。上游调用方在重试时会给重试请求增加一个标记，下游服务在收到这个标记后，即使调用失败了也不会重试调用它的下游服务。

如图 2-6 所示，微服务 A 在重试调用微服务 B 时，会增加一个标记来表示当前的请求为重试请求。这样，即使微服务 B 调用微服务 C 失败，也不会重试调用微服务 C。这种方式可以有效减少链路上的重试风暴。

图 2-6 标记重试请求法

上述应对重试风暴的两种方式，都是通过尽量减少每一层服务的重试次数来实现的。应对重试风暴，还有一种方式是通过缩短调用链路的长度来减少重试次数。可以考虑一种情况：客户端在发起请求时设置了一个超时时间，如果这个请求的调用链路非常长且在中间链路上的处理时间较长，一旦消耗的时间超过了客户端设置的超时时间，是否有必要调用下游服务呢？

显然是没有必要的。因为无论是否调用下游服务，客户端的请求已经超时了，很可能已经开始了新一轮的重试调用，所以正确做法应该是让下游服务能够感知到本次请求的超时时间的剩余时间。一种可行的做法是，在每次调用时都在请求体中携带超时时间的剩余时间。一旦设置的超时时间的剩余时间为 0，被调用的服务就不需要调用下游服务了。

如图 2-7 所示，假设客户端调用微服务 A 时设置的超时时间为 200 ms，微服务 A 处理内部逻辑消耗了 100 ms，然后调用微服务 B。此时，微服务 B 的剩余时间只有 100 ms。如果在调用微服务 C 之前，微服务 B 处理内部逻辑消耗了 150 ms，那么微服务 B 就无须调用微服务 C 了。

图 2-7　超时时间的剩余时间传递

这种方式能够在调用链路上更有效地利用超时时间，避免不必要的重试调用，从而减少重试风暴的发生。

2.1.3　幂等性的保证方法

选择了合适的重试策略后，在系统出现短暂波动时，通过重试确实可以提升系统的可用性。但一旦发生重试，被调用服务就会收到两次甚至更多次相同的请求，这时要保证数据不会变脏，就需要通过保证操作的幂等性来确保多次相同的请求下数据的正确性。

"幂等性"的概念源于数学科学，后来才被延伸到计算机科学中。幂等性的含义是，执行任意次的操作产生的影响和执行一次操作产生的影响是相同的，可以表达为如果一个函数 $f(x)$ 满足式（2.3）：

$$f(f(x)) = f(x) \qquad (2.3)$$

那么就认为 $f(x)$ 具有幂等性。从这个含义来看，读请求一定是具有幂等性的，因为读请求不会改变系统的状态，所以读取多次数据产生的影响与读取一次数据产生的影响相同。因此，在考虑幂等性时只需考虑更新操作。

下面是一个案例。假设有一个账户表 tb_account，其中包含两个字段：账户 ID(ID) 和账户余额（account）。那么，怎样的更新操作是幂等的，怎样的更新操作不是幂等的呢？

如果想要将账户 ID 等于 1 的账户余额设置为 100，即 update tb_account set account = 100 where ID=1，这个操作是幂等的。因为无论执行这条 SQL 命令多少次，最终结果都是一样的，即账户 ID 为 1 的账户余额都会变成 100。

如果想要将账户 ID 等于 1 的账户余额增加 100，即 update tb_account set account = account + 100 where ID=1，这个操作不是幂等的。假设账户 ID 等于 1 的账户余额的初始值是 0，执行 3 次这条 SQL 命令后，账户 ID 等于 1 的账户余额变成了 300，与执行一次这条 SQL 命令的结果显然不同。

让不幂等的操作变成幂等的，通常来说有数据库主键法、版本数据法和通用令牌（token）法这 3 种方法。下面分别介绍这 3 种方法。

（1）数据库主键法，利用数据库主键的唯一性来确保同一操作不会被重复执行，具体实现如下。

- 上游调用方在调用下游服务之前生成一个全局唯一的 ID。这个 ID 在多次重试请求的时候是不变的。
- 下游服务在执行给账户余额增加 100 的操作之前，会在数据库中插入一条以这个全局唯一 ID 为主键的记录。如果这条记录插入成功，就认为给账户余额增加 100 的操作还没有执行，继续执行这个操作对应的 SQL 命令。反之，如果插入时提示主键冲突，说明已经执行过给账户余额增加 100 的操作，此时就不能再执行这个操作对应的 SQL 命令了。

这样就保证了幂等性。这种方法能够有效避免重复执行相同操作造成的数据不一致问题，确保系统在面对重试时能够正确处理并保证数据的一致性。

（2）版本数据法，利用数据的版本号信息来确保同一操作不会被重复执行，具体实现如下。

- 在账户表中新增一个叫作版本号（version）的字段，该字段默认值为 0。
- 在调用下游服务之前，上游调用方首先获取账户 ID 等于 1 的记录的版本号信息，并将其作为请求的一部分传递给下游服务，且在每次重试时，使用相同的版本号信息。
- 下游服务在获取到版本号信息后，将其写入 SQL 命令中。这样 SQL 命令将变为：update tb_account set account = account + 100 and version = version + 1 where ID=1 and version=版本号信息。

由于 SQL 命令中增加了对版本号信息的校验，因此在发生多次重试请求时，只有第一次请求所带的版本号信息与数据库中的相符，才能够成功更新数据。在数据被更新之后，数据的版本号信息也会更新，使得后续的重试请求无法再次成功更新数据。尽管版本数据法可以保证操作的幂等性，但需额外维护版本号信息，增加系统的维护成本和存储成本。

（3）通用令牌法，利用一个全局唯一的令牌来确保同一操作不会被重复执行，和数据库主键法相似，其具体实现如下。

- 在调用下游服务之前，上游调用方生成一个全局唯一的令牌，并将其连同请求一起发送到下游服务。
- 下游服务在执行业务操作之前，首先判断这个令牌是否已经存在。如果存在，则认为业务操作已经被执行过，直接丢弃请求；如果不存在，则执行业务操作，并将该令牌的状态设置为"已存在"。

全局唯一的令牌的存储可以采用 MySQL 或 Redis 等数据库实现。需要注意的是，在判断令牌是否存在时可能存在并发操作的问题。当两个请求同时到达时，由于还没有执行过任何业务操作，令牌自然是不存在的。因此，对于这两个请求，下游服务都会判断令牌不存在，并执行业务操作，进而无法保证幂等性。

解决这个问题的方法是，在获取令牌的状态之前加上分布式锁。这样，当多个业务操作的请求同时到达时，只有获得锁的业务操作能够继续执行。当这个业务操作执行并更新了令牌状态为"已存在"后才会释放锁。这样，等待锁的另一个请求会因为令牌已经存在而无法执行业务操作，从而保证了操作的幂等性。

2.2   熔断

微服务概念的出现和普及导致系统中服务数量呈指数级增长。虽然在微服务这个概念出现前，已经有了面向服务的体系结构（service-oriented architecture，SOA），但 SOA 更多面向企业服务而非互联网服务。在 SOA 的发展过程中，服务治理和交付链路上相关的技术逐渐成熟，微服务自然而然地在其基础上出现并普及。

　　随着微服务架构的广泛应用，服务雪崩问题也开始受到微服务开发和运维团队的关注和重视。服务雪崩，指的是在分布式系统中由于某一个服务的问题导致整个系统不可用的情况。很多人认为服务雪崩是由于前端流量过大导致的，但实际上前端流量过大只是导致服务雪崩的一个原因而不是根本原因，其根本原因在于某一个服务出现响应缓慢的问题，进而导致整个系统被拖垮。

　　假设有一个服务调用链路是服务 A 调用服务 B，服务 B 调用服务 C，如图 2-8 所示。现在服务 C 出现响应缓慢的情况，可能是因为不当的重试策略导致了重试风暴，也可能是因为服务 C 部署的物理机出现故障导致了负载飙升，还可能是因为服务 B 和服务 C 之间的网络存在间歇性的丢包，这时就会出现服务雪崩。

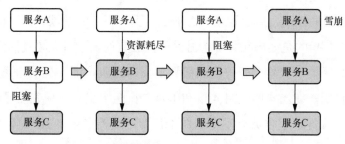

图 2-8　服务雪崩的示例

　　服务 C 出现响应缓慢的问题后，服务 B 在调用服务 C 的时候会发生阻塞，那么服务 B 上处理请求的线程或协程就会被阻塞在对服务 C 的调用上而无法释放。线程、协程的资源是有限的，久而久之，服务 B 会因为资源被耗尽而导致故障。而站在服务 A 的角度来看，它发现调用服务 B 的时候出现了阻塞，那么随着时间推移，服务 A 也会因资源耗尽而导致故障，最终导致服务雪崩。

　　这种故障是带有传播性的，原本只是一个服务的故障，由于没有得到很好的处理且系统缺乏容错机制，最终发展为整个系统的故障。因此，这种场景，常被人们用"不怕死，就怕慢"这 6 个字来总结。换句话说，如果服务 C 完全不能响应了，那么服务 B 调用服务 C 的时候就不会发生阻塞，这样只会影响服务 B，但正是因服务 C 响应缓慢而非完全不能响应，进而拖垮了整个系统。

应对这种场景的方案很简单，与其等待整个系统的服务阻塞，不如让响应缓慢的故障服务快速失败，并将其隔离，以减轻故障服务对整体系统的影响。实现故障服务快速失败的方式有很多，比较常用的方式有 4 种——熔断、降级、超时和限流。本节将介绍熔断，2.3 节、2.4 节和 2.5 节将分别讲解降级、超时和限流。

2.2.1　熔断的作用

熔断既是一种实现故障服务快速失败的方式，也是一种常见的系统容错和快速恢复系统的手段，不过它原本是电力学上的一个概念。目前许多家庭的家用电路上都有一个保险丝，当电路中的电流出现异常增长时，保险丝首先会熔断，从而起到保护电路的作用，后面这个概念被应用到了很多的领域里面，例如在证券交易领域，熔断指的是如果在某一个时间段内股票的价格有大幅度的涨跌，那么股票交易所为了控制风险会暂停这只股票的交易。我国证券交易市场在 2016 年引入了熔断机制，在当年的 1 月 4 日和 1 月 7 日两个交易日便发生了熔断事件，因此中国证券监督管理委员会不得不在 1 月 7 日当天宣布自 2016 年 1 月 8 日起暂停实施熔断机制。

无论是在电力学还是在证券交易领域，熔断机制的本质都是对局部异常状态的反馈。当局部异常状态达到一定阈值时，系统会暂时屏蔽异常部分，以保护整体系统。在计算机领域，熔断机制同样适用。当某个微服务出现异常或错误时，开发人员可以暂停对该微服务的调用，从而保护所有调用此微服务的上游调用方。

例如，在电商系统中购物车服务是一个核心服务，用户习惯使用购物车来收藏、筛选商品。而购物车服务会依赖多个服务，如依赖库存服务来校验购物车中的商品是否还存在，依赖价格计算服务和促销服务来展示正确的价格，等等。而如果库存服务出现故障或响应变慢，购物车服务的请求可能会因为等待库存信息而变得非常慢，甚至导致超时。如果没有熔断机制，购物车服务会因为等待对库存服务的请求返回而导致资源耗尽，影响整体用户体验。此时就需要使用熔断机制来暂停对库存服务的调用，返回默认的库存状态（如提示用户稍后重试或者显示购物车服务缓存的库存信息），直到库存服务恢复正常再恢复对库存服务的调用。

2.2.2 断路器模式与应用

开发人员通常会使用断路器模式来实现熔断机制。其基本思路是在服务 A 调用服务 B 时，为这个调用关系增加一个熔断开关，这个熔断开关存在以下 3 种状态。

- 关闭状态：服务 A 可以正常地调用服务 B。
- 打开状态：服务 A 调用服务 B 时会报错。
- 半开状态：系统允许部分请求到达服务 B。

正常情况下，熔断开关的状态是关闭状态。系统会统计一段时间内服务 A 调用服务 B 的失败次数，一旦失败次数超过设定的阈值，系统会自动打开熔断开关，并启动一个定时器。若定时器到时，熔断开关会进入半开状态。如果连续若干次请求都成功了，系统会认为调用关系已经恢复正常，熔断开关会被设置为关闭状态。但如果仍然存在请求失败的情况，熔断开关会重新被设置为打开状态，并重新启动定时器，以保护系统免受连续失败请求的影响。断路器模式示意如图 2-9 所示。

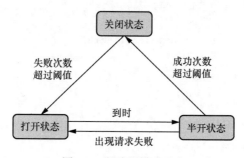

图 2-9 断路器模式示意

在实际开发中，开发人员对断路器模式进行了一些优化，例如通过定时的探测来验证服务是否可用，而不是使用半开状态下的定时器。这样，断路器模式只有两种状态：关闭和打开。一旦服务发生错误，熔断开关处于打开状态时，系统会启动另一个线程来探测服务的可用性。如果服务可用，断路器会被设置为关闭状态。下面就以调用 Redis 为例，讲解断路器模式的实现。

首先，如代码清单 2-1 所示，在调用 Redis 的时候，如果调用正常结束没有发生异常，则调用 conn.returnResource(jedis) 向连接池返还连接；如果发生异常且为特定的数据异常则向连接池返还连接，否则调用 conn.returnBrokenResource(jedis) 来销毁当前连接。

代码清单2-1   Redis调用代码

```
try {
    jedis = conn.getResource();
    value = callback.call(jedis);
    //正常返还连接
    conn.returnResource(jedis);
    break;
} catch (JedisConnectionException jce) {
    //销毁连接
    conn.returnBrokenResource(jedis);
    log.error(getClientSign(jedis) + " "+callback.getName()+
            " fail:" + jce);
} catch (JedisException je) {
    log.error(getClientSign(jedis) + " " + callback.getName() +
            " fail:" +je);
    //如果发生的异常是特定的数据异常，则返还连接；否则销毁连接
    if (isSpecialDataException(je)) {
        conn.returnResource(jedis);
    } else {
        conn.returnBrokenResource(jedis);
    }
    if (throwJedisException) {
        throw je;
    }
    break;
} catch (final Exception e) {
    log.error(getClientSign(jedis) + " " + callback.getName()+
            " error:", e);
    conn.returnBrokenResource(jedis);
    break;
}
```

在调用 Redis 时，无论是正常返还连接还是销毁连接，系统都要对调用 Redis

的失败次数进行统计，以便判断是否需要执行熔断操作。如代码清单 2-2 所示，代码中定义了 3 个变量：unhealthy 代表熔断开关的状态，其中 true 代表熔断开关的状态为打开，false 代表熔断开关的状态为关闭；backendFails 代表调用 Redis 的失败次数；backendFailThreshold 是一个代表熔断状态判断阈值的常量。代码逻辑很简单，即在正常返回时将失败次数清零，在异常返回时增加失败次数，如果失败次数超过熔断状态判断阈值，则将熔断开关的状态设置为开启。

代码清单2-2　节点错误状态流转

```
//熔断开关的状态，false代表熔断开关的状态为关闭，true代表熔断开关的状态为开启
private AtomicBoolean unhealthy = new AtomicBoolean(false);
//调用Redis的失败次数
private AtomicInteger backendFails = new AtomicInteger(0);
//熔断开关的状态判断阈值
private static final int backendFailThreshold = 20;

public void returnBrokenResource(Jedis resource) {
    super.returnBrokenResource(resource);
    if (checkStatus && unhealthy != null && !unhealthy.get()) {
        int fails = backendFails.incrementAndGet();
        //如果失败次数超过熔断开关的状态判断阈值，则把熔断开关的状态改为打开
        if (fails > backendFailThreshold) {
            unhealthy.compareAndSet(false, true);
        }
    }
}

@Override
public void returnResource(Jedis resource) {
    super.returnResource(resource);
    if (checkStatus) {
        //失败次数清零
        backendFails.set(0);
    }
}
```

另外，系统还需要在另一个线程中定时探测节点状态。如代码清单 2-3 所示，客户端会定时向 Redis 节点发送 ping 命令，如果命令正常返回，则修改熔断开关

的状态为关闭，并重置失败次数；否则继续探测，直到命令正常返回。

代码清单2-3　节点状态探测

```java
if (checkStatusThread == null) {
    checkStatusThread = new Thread(connectionName + "-check") {
        public void run() {
            while (getCheckStatus()) {
                if (unhealthy != null && unhealthy.get()) {
                    boolean isBad = false;
                    Jedis client = null;
                    try {
                        client = super.getResource();
                        //发送ping命令探测Redis节点状态
                        client.ping();
                        unhealthy.compareAndSet(true, false);
                        backendFails.set(0);
                        log.info("detect backend recover from failure,
                                set unhealthy=false " +
                                getConnectionName());
                    } catch (Exception e) {
                        isBad = true;
                    } finally {
                        if (client != null) {
                            if (isBad) {
                                super.returnBrokenResource(client);
                            } else {
                                super.returnResource(client);
                            }
                        }
                    }
                }
                try {
                    Thread.sleep(CHECK_INTEVAL_TIME);
                } catch (InterruptedException e) {
                    break;
                }
            }
        }
    };
    checkStatusThread.setDaemon(true);
    checkStatusThread.start();
}
```

2.2.3　弹性熔断算法

使用依据断路器模式来实现的熔断机制固然能够解决服务雪崩的问题，但是它本身也存在一个问题，即过于"一刀切"，要么熔断、要么正常，一旦发生熔断，所有的流量都会受到影响。然而，在实际工作中，这种"一刀切"的方式并不总是合适的。例如，服务 A 在调用服务 B 的时候，服务 B 可能因为流量过载而导致响应缓慢，这个时候也许服务 A 丢弃部分流量就可以使服务 B 恢复正常了，并不需要熔断所有的流量。从这个思路出发，谷歌提出了一个弹性熔断算法，该算法可以使调用方（客户端）和被调用方（服务端）在请求上达到平衡状态，如式（2.4）所示：

$$R = \max(0, (requests - K \times accepts) / (requests + 1)) \tag{2.4}$$

式中，requests 代表客户端发起的请求数，这些请求发送到服务端后，服务端会处理一部分请求，并返回处理结果给客户端，服务端成功处理的请求数称为accepts。K 是一个可调整的正整数系数，R 表示客户端丢弃请求的比例。

当服务端能够正常服务时，客户端发起的请求数与服务端成功处理的请求数相等，因此 requests 和 accepts 的值相等。由于 K 是一个正整数，$requests - K \times accepts \leqslant 0$，计算得到 $R = 0$，因此客户端不会丢弃任何请求。

当服务端过载时，开始拒绝部分请求，accepts 值减小。此时，如果 $requests - K \times accepts > 0$，计算得到 $R > 0$，这意味着客户端开始丢弃部分请求，这样客户端发起的请求数会减少，既减轻了服务端的压力，也降低了服务端拒绝请求的速率。当 requests 值减小到重新满足 $requests - K \times accepts \leqslant 0$ 时，客户端与服务端重新达到一个请求的平衡状态。

即使客户端和服务端没有达到请求的平衡状态，但是一旦解决了服务端的过载问题，如通过扩容节点，服务端的请求处理能力得到了增强，accepts 值会变大，当 accepts 增大到一定值使得 $requests - K \times accepts \leqslant 0$ 成立时，客户端就不再丢弃请求了。K 值可以控制熔断行为的敏感度。当 K 值较大时，accepts 值要变得非常小才能使 $requests - K \times accepts > 0$ 成立，那么这时熔断行为就不是很敏感；反之，当 K 值较小时，客户端对熔断行为就会很敏感。

弹性熔断算法有很多开源的实现，如 GitHub 的 go-zero 项目是一个功能强大的 Go 语言开发框架，它提供了各种工具和库来简化云原生应用程序的开发。go-zero 也提供了对弹性熔断算法的完整实现，以帮助开发人员构建更可靠的分布式系统。

如代码清单 2-4 所示，这段代码初始化了一个基于滑动窗口的计数器，该计数器用于记录一个固定时间窗口内客户端发起的请求数和服务端成功处理的请求数，是实现弹性熔断算法的重要部分。

代码清单2-4　初始化一个基于滑动窗口的计数器

```go
func newGoogleBreaker() *googleBreaker {
    bucketDuration := time.Duration(int64(window) / int64(buckets))
    //初始化一个基于滑动窗口的计数器
    st := collection.NewRollingWindow(buckets, bucketDuration)
    return &googleBreaker{
        stat:  st,
        k:     k,
        proba: mathx.NewProba(),
    }
}
```

如代码清单 2-5 所示，弹性熔断算法在处理请求时，首先会调用 accept() 方法判断当前熔断开关的状态是否为打开，如果熔断开关是打开状态，则执行 fallback() 方法中的熔断逻辑。接着，通过 defer 语句处理不可预知的异常，如果发生异常则调用 markFailure() 方法，增加客户端发起的请求数。最后，执行实际的请求 req() 方法，如果返回的错误符合预期，则调用 markSuccess() 方法，同时增加客户端发起的请求数和服务端成功处理的请求数；否则，调用 markFailure() 方法，仅增加客户端发起的请求数。

代码清单2-5　弹性熔断算法处理请求

```go
func (b *googleBreaker) doReq(req func() error,
                             fallback func(err error) error,
                             acceptable Acceptable) error {
    //判断当前熔断开关是否处于打开的状态
    if err := b.accept(); err != nil {
        if fallback != nil {
            //执行熔断逻辑
```

```
            return fallback(err)
        }
        return err
    }

    defer func() {
        if e := recover(); e != nil {
            b.markFailure()
            panic(e)
        }
    }()

    err := req()
    if acceptable(err) {
        //客户端发起的请求数和服务端成功处理的请求数都加1
        b.markSuccess()
    } else {
        //客户端发起的请求数加1
        b.markFailure()
    }
    return err
}

func (b *googleBreaker) markSuccess() {
    b.stat.Add(1)
}

func (b *googleBreaker) markFailure() {
    b.stat.Add(0)
}
```

在代码清单 2-6 中，accept() 方法中实现了弹性熔断算法。首先，调用
history() 方法来获取记录的客户端发起的请求数 total 和服务端成功处理的
请求数 accepts。然后根据谷歌提供的弹性熔断算法计算请求的丢弃比例。最后，
使用 b.proba.TrueOnProba(dropRatio) 来判断当前请求是否应该被丢弃。

代码清单2-6　弹性熔断算法实现

```
func (b *googleBreaker) accept() error {
    //获取客户端发起的请求数和服务端成功处理的请求数
    accepts, total := b.history()
```

```
weightedAccepts := b.k * float64(accepts)
//计算请求的丢弃比例
dropRatio := math.Max(0,
                        (float64(total-protection)-weightedAccepts)/
                        float64(total+1))

if dropRatio <= 0 {
    return nil
}
//判断请求是否应该被丢弃
if b.proba.TrueOnProba(dropRatio) {
    return ErrServiceUnavailable
}

return nil
}
```

谷歌提出的弹性熔断算法并不会完全屏蔽过载的服务，而是通过丢弃部分请求来动态平衡系统负载。这种算法使得系统能够在服务处理能力增强或异常情况解决后自动恢复，对业务更加友好。

2.2.4 Sentinel的熔断机制实现

Sentinel 是阿里巴巴在 2018 年开源的面向分布式服务架构的服务治理组件，它能够提供熔断、降级、限流等功能，从而提升系统的可用性。后来，Sentinel成了服务治理标准 OpenSergo 的具体实现，也成了在互联网系统中使用最广泛的服务治理组件之一。

Sentinel 使用慢调用比例、异常请求比例及异常数作为熔断判断项。它实现了标准的断路器模式，即当熔断判断项超过阈值时，熔断开关就会进入打开状态，并启动一个定时器，在定时器到时后，熔断开关会处于半开状态。此时，如果接下来的一个请求的熔断判断项未超过阈值，则熔断开关的状态被置为关闭；否则，熔断开关会重新回到打开状态。

Sentinel 的核心流程由多个 Slot 串联而成。不同的功能，如熔断、降级、限流等，会形成不同的 Slot。这些 Slot 被 Sentinel 内部的 Slot 链连接起来，最终实现了功能的组合。

熔断逻辑的入口就在 DegradeSlot 类中,如代码清单 2-7 所示。DegradeSlot 类中的 entry() 方法是熔断逻辑的入口,它调用了 performChecking() 方法。而 performChecking() 方法则会循环遍历初始化时注册的所有熔断器 (CircuitBreaker),并逐一调用它们的 tryPass() 方法。如果 tryPass() 方法返回 false,说明触发了熔断,此时会执行熔断逻辑。exit() 方法是在熔断逻辑执行结束之后需要调用的方法,它会循环遍历每一个熔断器,并调用其 onRequestComplete() 方法。

代码清单2-7　DegradeSlot类的实现

```
@Override
public void entry(Context context, ResourceWrapper resourceWrapper,
                  DefaultNode node, int count,boolean prioritized,
                  Object... args) throws Throwable {
    performChecking(context, resourceWrapper);
    fireEntry(context, resourceWrapper, node, count, prioritized, args);
}

void performChecking(Context context, ResourceWrapper r) throws
                     BlockException {
    List<CircuitBreaker> circuitBreakers = DegradeRuleManager.
                                getCircuitBreakers(r.getName());
    if (circuitBreakers == null || circuitBreakers.isEmpty()) {
        return;
    }
    //循环遍历初始化时注册的所有熔断器,调用tryPass()方法
    for (CircuitBreaker cb : circuitBreakers) {
        if (!cb.tryPass(context)) {
            throw new DegradeException(cb.getRule().getLimitApp(),
                                       cb.getRule());
        }
    }
}

@Override
public void exit(Context context, ResourceWrapper r, int count,
                 Object... args) {
    Entry curEntry = context.getCurEntry();
```

```
    if (curEntry.getBlockError() != null) {
        fireExit(context, r, count, args);
        return;
    }
    List<CircuitBreaker> circuitBreakers = DegradeRuleManager.
                        getCircuitBreakers(r.getName());
    if (circuitBreakers == null || circuitBreakers.isEmpty()) {
        fireExit(context, r, count, args);
        return;
    }
    //循环遍历初始化时注册的所有熔断器，调用onRequestComplete()方法
    if (curEntry.getBlockError() == null) {
        for (CircuitBreaker circuitBreaker : circuitBreakers) {
            circuitBreaker.onRequestComplete(context);
        }
    }
    fireExit(context, r, count, args);
}
```

CircuitBreaker 是一个接口，它的抽象实现类为 AbstractCircuitBreaker，如果配置使用慢调用比例作为熔断判断项，则会使用 ResponseTimeCircuitBreaker 作为实现类；如果配置使用异常请求比例或者异常数作为熔断判断项，则会使用 ExceptionCircuitBreaker 作为实现类。下面以使用 ExceptionCircuitBreaker 作为实现类为例进行讲解。

实际处理熔断逻辑的入口是 CircuitBreaker 的 tryPass() 方法，其实现在 AbstractCircuitBreaker 类中，如代码清单 2-8 所示。在 tryPass() 方法中，首先判断当前熔断开关的状态。如果熔断开关的状态是关闭，则直接传递请求；如果熔断开关的状态是打开，则先会调用 retryTimeoutArrived() 方法判断定时器是否到时，如果定时器未到时，则保持熔断开关的状态为打开，不传递请求；如果定时器已经到时，则会传递本次请求作为探测请求，调用 fromOpenToHalfOpen() 方法把熔断开关的状态修改为半开。

代码清单2-8   AbstractCircuitBreaker类的实现

```
@Override
public boolean tryPass(Context context) {
    if (currentState.get() == State.CLOSED) {
```

```
            return true;
        }
        if (currentState.get() == State.OPEN) {
            //如果定时器已经到时，则将把熔断开关的状态修改为半开
            return retryTimeoutArrived() && fromOpenToHalfOpen(context);
        }
        return false;
    }


    protected boolean retryTimeoutArrived() {
        return TimeUtil.currentTimeMillis() >= nextRetryTimestamp;
    }


    protected boolean fromOpenToHalfOpen(Context context) {
        if (currentState.compareAndSet(State.OPEN, State.HALF_OPEN)) {
            notifyObservers(State.OPEN, State.HALF_OPEN, null);
            Entry entry = context.getCurEntry();
            entry.whenTerminate(new BiConsumer<Context, Entry>) {
                @Override
                public void accept(Context context, Entry entry) {
                    if (entry.getBlockError() != null) {
                        currentState.compareAndSet(State.HALF_OPEN,
                                                   State.OPEN);
                        notifyObservers(State.HALF_OPEN, State.OPEN, 1.0d);
                    }
                }
            });
            return true;
        }
        return false;
    }
```

onRequestComplete()方法在ExceptionCircuitBreaker类中的实
现代码如代码清单2-9所示。在onRequestComplete()方法中，首先根据执行
过程中是否发生异常来更新异常请求计数器SimpleErrorCounter。然后调用
handleStateChangeWhenThresholdExceeded()方法来处理熔断开关的状
态变更。

在handleStateChangeWhenThresholdExceeded()方法中，根据当
前熔断开关的状态进行如下判断和处理。

- 如果当前熔断开关的状态是打开，则继续保持打开状态。
- 如果当前熔断开关的状态是半开，根据探测请求是否发生异常来决定是否变更状态：如果发生异常，则调用 fromHalfOpenToOpen() 方法把熔断开关的状态变更为打开；否则调用 fromHalfOpenToClose() 方法把熔断开关的状态变更为关闭。
- 如果当前熔断开关的状态是关闭，通过判断总请求数和异常请求数是否大于阈值来决定是否调用 transformToOpen() 方法把熔断开关的状态变更为打开。

代码清单2-9　onRequestComplete()的实现

```
@Override
public void onRequestComplete(Context context) {
    Entry entry = context.getCurEntry();
    if (entry == null) {
        return;
    }
    Throwable error = entry.getError();
    //如果发生异常，则增加异常请求数
    SimpleErrorCounter counter = stat.currentWindow().value();
    if (error != null) {
        counter.getErrorCount().add(1);
    }
    counter.getTotalCount().add(1);
    //根据异常请求数处理熔断开关的状态变更
    handleStateChangeWhenThresholdExceeded(error);
}


private void handleStateChangeWhenThresholdExceeded(Throwable error) {
    if (currentState.get() == State.OPEN) {
        return;
    }

    if (currentState.get() == State.HALF_OPEN) {
        if (error == null) {
        //半开状态下，如果探测请求没有发生异常，则把熔断开关的状态变更为关闭状态
            fromHalfOpenToClose();
        } else {
            //半开状态下，如果探测请求发生异常，则把熔断开关的状态变更为打开状态
```

```
        fromHalfOpenToOpen(1.0d);
    }

    return;
}

List<SimpleErrorCounter> counters = stat.values();
long errCount = 0;
long totalCount = 0;
//汇总异常求数和总请求数
for (SimpleErrorCounter counter : counters) {
    errCount += counter.errorCount.sum();
    totalCount += counter.totalCount.sum();
}
// 如果总请求数小于阈值则直接返回
// 以避免总请求数过小导致即使是偶发的异常请求也会导致熔断开关的状态变更为打开
if (totalCount < minRequestAmount) {
    return;
}
double curCount = errCount;
if (strategy == DEGRADE_GRADE_EXCEPTION_RATIO) {
    curCount = errCount * 1.0d / totalCount;
}
//如果异常请求数大于阈值，则把熔断开关的状态变更为打开
if (curCount > threshold) {
    transformToOpen(curCount);
}
    }
}
```

Sentinel 对于熔断的实现简洁高效、易于理解，读者可以前往 GitHub 详细阅读其源码，以进一步了解其实现原理。

2.3　降级

除了熔断，降级也是应对服务雪崩的常见方式。降级指的是当下游调用方出现问题时，如负载提高、响应时间延长，或者出现意外异常时，上游服务暂时停止对出现问题服务的调用，通过牺牲部分功能和用户体验来保障整体服务的可用

性，是一种有损的服务保障方式。降级的原理比较简单，即在业务代码中预先嵌入一些降级开关，通过配置中心动态控制降级开关的状态。当降级开关关闭时，对业务没有任何影响，一旦降级开关打开，业务就会执行降级策略。

熔断和降级都是为了保障系统的可用性，它们的不同之处主要表现为以下两点。

- 触发方式不同：熔断通常是根据预先设定的熔断策略自动触发的，而降级需要手动触发。
- 实现方式不同：熔断的实现方式相对单一，而降级的实现方式则更加多样化，例如将同步操作降级为异步操作、调整轮询请求的时间间隔等。

通过理解这两种应对方式的不同之处，我们可以更好地选择适合特定场景的应对方式。下面介绍降级的典型应用场景和处理方式。

2.3.1　降级的典型应用场景和处理方式

在实际开发中，降级是一种常见的应对服务故障的策略，读数据降级、写延迟降级和存储资源降级是降级的 3 个典型应用场景。

（1）读数据降级：当读取数据时，如果所依赖的服务出现故障或者无法承担预期的流量，可以考虑对该服务进行读数据降级。读数据降级可以返回空数据或者降级数据。

例如，在社区系统中，首页通常需要聚合来自多个服务的大量数据，如用户数据、内容数据等。在流量高峰期，某些服务的承载能力可能会变得较弱，因此需要将一些不是很重要的服务进行暂时降级处理。例如，在首页中通常需要展示内容是否被当前登录用户点赞过，当首页流量过载时可以考虑把这个功能降级，即无论当前登录用户是否点赞过此内容，都展示为未点赞，以保障首页的快速加载和用户体验。

（2）写延迟降级：在电商业务中，发放优惠券是常见的场景。该场景通常的业务逻辑是在用户创建订单后同步调用发放优惠券服务来发放优惠券。然而，在电商营销活动中，可能会在短时间内发放大量优惠券。为了应对这种情况，可以将同步发放优惠券的操作降级为延迟异步操作，通过延迟来保障系统的稳定性，避免因大量请求导致系统崩溃。

（3）存储资源降级：系统中的存储资源包括数据库、缓存、消息队列等，任何一种存储资源都可能发生故障。即使某些存储资源可以将故障转移到其他冗余节点上，这仍然不能完全避免对整体系统的影响。因此，有时需要对发生故障的存储资源进行整体降级，以屏蔽其对系统的影响。

例如，在常规的业务逻辑中，系统会先尝试从缓存中读取数据，如果缓存命中则直接返回，否则会从数据库中读取数据。如果数据库发生严重故障，且缓存的命中率很高（如超过99%），则可以考虑暂时降级数据库，通过损失少量访问请求来保障系统的稳定性。

这些场景都在特定情况下，通过牺牲部分功能和用户体验来保障系统的整体可用性，这是在遇到故障或高流量压力时的一种有针对性的应对策略。

2.3.2 配置中心的实现

服务降级依赖于降级开关，而对降级开关的管理实际上就是一种对配置的管理。

在早期的软件开发活动中，配置和其他代码是写在一起的，配置作为一个独立的类和其他代码一起被编译，然后打包成一个完整的可执行文件。然而，这种做法有一个弊端，即使修改一个很小的配置，也需要将全部代码重新编译、打包、上线，整个流程可能需要几十分钟。因此，后来提倡将配置和其他代码分离，将配置独立放置到一个单独的文件中。这样，修改配置只需要修改对应的配置文件，再重启服务让配置生效即可。

然而，通过配置文件修改配置并重启服务仍然不是一个十分优雅的流程。因此，在微服务时代，配置中心被引入，它可以动态地修改配置而不需要重启服务。配置中心可以实现配置的动态管理和实时更新，使得系统更加灵活和可维护。

业界有许多成熟的开源配置中心，如携程开源的Apollo、百度开源的Disconf、阿里巴巴开源的Nacos等。配置中心的功能比较简单，核心功能是存储和读取配置，以及配置更新的通知。除此以外，配置中心一般还会提供版本发布管理、灰度配置发布、发布审核审计等功能，帮助使用者更好地对配置进行管理。

简化后的配置中心架构如图 2-10 所示。

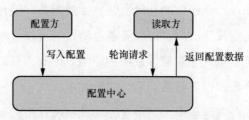

图 2-10   简化后的配置中心架构示意

配置中心服务端（配置方）有一个存储组件，它的作用是存储由配置方写入的配置信息并供读取方读取这些配置信息，这个存储组件可以是 MySQL、Redis，也可以是 etcd。配置中心对于存储组件的性能要求不高，所以大部分常见的存储组件都比较适用。

为了获取到配置更新的通知，一种实现方式是 HTTP 轮询，即通过 HTTP 定期调用配置中心的接口获取最新的数据。然而，这种方式存在一个问题，即一旦配置中心的客户端（读取方）数量增加，配置中心的服务端就会面临大量的轮询请求。如果每次都返回全量的配置数据，必定会占用配置中心服务端宝贵的带宽资源。

因此，需要借鉴 HTTP 缓存的经验，在配置中心服务端存储一组配置的 MD5 值。这组配置中的任何一个配置项发生变化都会导致 MD5 值的变化。这个 MD5 值会随着轮询请求的响应返回给客户端，并且被客户端缓存起来。下次客户端再轮询的时候，会在请求中带着这个 MD5 值。配置中心服务端会首先比较这个 MD5 值和其存储的 MD5 值是否一致，如果一致，那么不会返回所有的配置项，而是返回 304 状态码。如果不一致，那么会返回所有的配置项和新的 MD5 值，这样客户端会把它们全部缓存起来。这种方式可以大大减少配置中心服务端的带宽占用。

如何实现高可用是配置中心面临的一个问题。对于业务来说，配置中心存储的配置通常至关重要，例如数据库连接地址、依赖外部服务的地址等。配置中心一旦发生故障，对于业务的影响会是致命的。因此，对于配置中心的可用性要求有时候会达到 99.999% 甚至更高。有些情况下，人们要求即使配置中心的服务端崩溃了，也不能影响业务的稳定性。因此，在设计配置中心时，应该将其放在系统旁路上，而不应该放在核心链路上。

实现高可用的一个可行的做法是为配置中心的客户端增加多级缓存——内存缓存和文件缓存。配置中心客户端在获取到配置信息后，会将配置信息同步地写入内存缓存，异步地写入文件缓存。内存缓存的作用是降低客户端和配置中心的交互频率，提升客户端读取配置的性能；而文件缓存的作用则是实现灾备。一旦配置中心发生故障，客户端就会优先使用文件缓存中的配置。但需要注意的是，由于配置中心已经宕机，因此无法获取配置更新的通知，这是一种配置中心降级的方案。

2.3.3 降级预案

有了降级开关，理论上系统一旦出现故障就可以快速切换到降级方案，实现故障的快速修复。然而，现实往往是残酷的。随着系统变得越来越复杂，降级开关的数量也会越来越多，可能达到几百个甚至更多。面对众多的降级开关，开发和运维人员很难在故障发生时立即找到有效的开关。

因此，开发和运维人员通常会将多个相关的降级开关组成一个预案，并将该预案与特定的故障场景关联起来。预案涉及修复故障所涉及的所有降级开关，这样在发生故障时，只需执行相应的预案即可实现一键故障修复。

降级预案适用于修复手段比较复杂的故障场景。例如，如果系统采用了同城双活，一旦主机房发生故障，修复动作将非常烦琐，涉及从库提升为主库、缓存双写暂停、流量切换等。逐个执行这些动作可能需要相当长的时间才能修复故障。而通过创建一个降级预案，并将其与同城双活主机房故障的场景关联起来，就可以缩短故障修复时间。

同一个故障场景也可以关联多个降级预案，并且预案可以分级。假设维护一个直播即时消息系统。该消息系统需要将所有消息同步给当前直播间内的所有用户，这给存储消息的介质带来了巨大的写入压力。特别是当某个直播间在线人数增加时，存储消息的介质的写入压力会呈指数级增长。而消息分为指令消息和用户消息两类，指令消息相对更重要，因为它控制着直播间内的核心指令，如连麦、送礼物、创建直播间、关闭直播间等，而用户消息是直播间内的用户产生的消息，包括评论消息、点赞消息等。相比之下，点赞消息被认为不重要的消息，因为在一个有大量用户在线的直播间里，丢失一些点赞消息是不容易被用户感知的，所以点赞消息可以优先被降级或限速。

因此，对于重要的直播任务，如明星直播或备受关注的热点事件直播，可能会设置多个级别的降级预案。例如，第一级预案可能是降级所有在线用户数超过 2 万的直播间中的所有点赞消息，第二级预案可能是降级在线用户数超过 1 万的直播间中的所有点赞消息，以此类推。一旦系统性能出现瓶颈，就按照降级预案的级别依次降级，直到系统恢复正常。

需要特别强调的是，降级开关和降级预案必须定期在生产环境进行演练。没有经过演练的降级开关和降级预案是无法被信任和使用的。

2.4   超时

和熔断、降级类似，超时也是在下游系统出现问题或者流量过载时对上游系统的一种保护手段。有时候，我们也可以将超时视为服务降级的一种形式。

2.4.1   超时的重要性

在微服务场景下，系统中存在大量的服务，并且服务间的调用关系非常复杂。如果没有设置合理的超时时间，会导致两个问题：一是系统整体的响应时间不可控，二是上游系统的线程资源被阻塞，进而导致系统崩溃。

我曾经带领团队维护过一个直播系统，该系统平时的 QPS 约为 1000，并不是很高，系统可以正常运行。某一天，运营团队请来一个明星做直播，这个明星的众多支持者得到消息后涌入直播间，使得系统的日均活跃用户数从 10 万激增到上百万，QPS 也增长数倍。即使我们提前对直播系统进行了服务扩容，仍然出现了服务宕机和系统崩溃的情况。经过复盘，我们发现服务之间的调用超时时间都是服务框架默认的 30 s。在面对高并发的大流量时，某个服务的偶发性能衰减可能导致到达这个服务的请求被长时间地阻塞，进而导致其上游系统的线程资源被耗尽，引起服务雪崩。后来，我们调整了服务之间的调用超时时间，使系统面对大型直播活动时可以更加稳定地运行。

因此，在系统出现可用性问题时，首先需要考虑整个链路中多个子链路的超时时间是否设置合理。判断超时时间设置的合理性，通常有以下两种方式。

- 如果日志系统中记录了服务之间的调用时间，可以统计调用时间的分布区间。对于核心系统来说，需要至少保证 99.99% 的请求的响应时间小于超时时间；而对于非核心系统来说，需要保证 99.9% 的请求响应时间小于超时时间。
- 如果面对的是一个新系统，暂时没有服务之间调用时间的数据，那么就只能依据经验设置一个相对合理的超时时间。例如，数据库的超时时间应该设置在 1 s 以内，缓存的超时时间通常设置为 100 ms 以内，内网服务调用的超时时间应该控制在 500 ms 以内，而外网服务的调用则应该在 5 s 内完成。

此外，系统通常会使用一些组件来简化资源的调用方式，因此需要了解这些组件的原理，避免因遗漏某些超时时间设置导致服务雪崩。例如，在使用数据库连接池时，需要设置连接超时时间和调用超时时间，但是我曾经遇到在以上两个超时时间都设置为 1 s 的情况下，系统仍然存在 5 s 内没有获取到数据库连接的超时问题，经过详细排查发现，当时使用的数据库连接池组件还存在一个从连接池中获取连接的超时时间需要设置，该超时时间类似于 Druid 连接池的 maxWait 配置项。

2.4.2　设置任务的超时时间

在考虑设置超时时间时，通常从服务调用方的角度出发，尽量避免服务调用方被服务提供方拖垮。从服务提供方的角度来看，如果某个请求已经超时，那么该请求就不应该再占用服务提供方的系统资源。然而，在现实系统中仍然存在着超时请求占用服务提供方的系统资源的情况。

在社区系统中，请求量最大的页面通常是首页，如微博的首页。首页在获取信息流数据时需要获取大量数据，如发布内容的数据（含发布内容的用户数据和当前登录用户是否关注发布内容的用户）、当前登录用户是否点赞内容数据，以及内容的评论数据等。通常的实现方式是将这些获取数据行为定义为一个一个的任务（这些任务中有些是必须串行执行的，有些则可以并行执行），并将它们放入线程池中执行，这样可以使得单个获取信息流任务的响应时间最短，如图 2-11 所示。同时，每个任务都需要设置超时时间，以避免少量任务占用线程池中的所有线程。

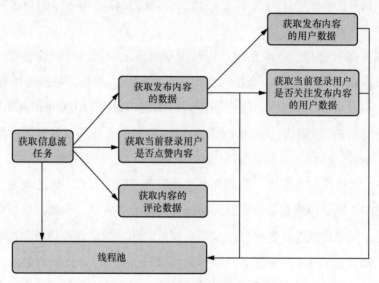

图 2-11   信息流获取方案示意

然而，系统在重启时经常出现线程资源被耗尽的情况，导致系统的可用性受到短暂影响。经过分析发现，由于与存储资源的连接没有初始化和 Java 即时编译器（just-in-time compiler，JIT）等因素的影响，系统在重启后短时间内性能有所衰减。这时，线程池中的任务执行时间会增加，但任务仍然不断地被提交到线程池中，导致线程池性能进一步恶化。进一步分析发现，许多超时的任务在超时后仍然在线程池的队列中排队，这无疑是在浪费线程资源，加剧了线程池性能的衰减。

解决这个问题的思路是，当超时的任务被调度后，直接让它返回，释放占用的线程资源。实现方案可以是：在任务被创建时，将任务的超时时间作为该任务的参数传入，当任务被执行时，首先判断当前时间是否晚于任务的超时时间，如果是，则任务直接返回，不再占用线程资源。这个实现方案与 2.1.2 节提到的让下游服务感知超时时间的剩余时间的方法类似，本质上都是为了避免浪费线程资源或服务资源。

2.5　限流

2.2 节介绍的熔断和 2.3 节介绍的降级都是应对服务雪崩的方式，都通过牺牲部分服务的功能和用户体验来换取整体系统的稳定。这两种方式适用于弱依赖的服务，因为对于弱依赖的服务来说，某个服务宕机对整体用户体验的影响比较有限。

然而，对于强依赖的服务来说，一旦发生熔断或降级，业务的核心链路就会受到影响。在这种情况下，可以采用流量控制的方法对流量进行塑形，从而使得部分用户的业务核心链路能够正常执行。这就是一种常见的微服务治理方法——限流。

限流通过控制系统的请求流量，使其不超过系统的处理能力，从而保护系统免受过载的影响。通过限制请求的数量或速率，限流可以确保系统在承载能力范围内稳定运行，避免因过载导致的服务质量下降或系统崩溃。

在微服务架构中，限流可以针对不同的服务或接口进行配置，根据系统的实际情况和需求进行灵活调整。开发人员通过合理设置限流策略，可以有效地保护系统的稳定性和可用性，同时提升用户体验。

例如在类似滴滴出行的打车应用中，用户会通过应用请求车辆，而司机可以通过应用接收订单。如果在高峰时期，大量用户同时请求车辆，可能会导致系统过载。同时，如果某个用户连续高频率地发送用车请求，会加剧系统过载，进而影响其他用户的使用体验。此时就需要对单个用户请求频率进行限制，例如，每分钟最多可以发送 3 个用车请求。如果用户请求频率超过了这个限额，就返回错误提示信息，建议用户稍后再试。

2.5.1　限流的4种算法

限流算法是实施限流策略的具体方法和技术手段，它们定义了如何计算和控制进入系统的请求数量。常见的限流算法主要有如下 4 种：

- 固定窗口算法；
- 滑动窗口算法；
- 漏桶算法；
- 令牌桶算法。

在固定窗口算法中，时间被分成了一些固定大小的窗口。例如，要限制某个服务每分钟只能被访问 100 次，那么可以以 1 min 为一个时间窗口，记录每个时间窗口内的请求次数，如图 2-12 所示。

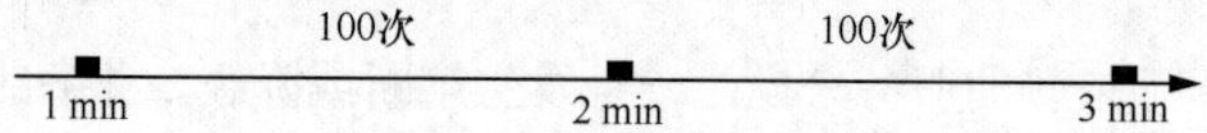

图 2-12   固定窗口算法示意

如果请求次数超过了限流的阈值，就会丢弃这个时间窗口内的后续请求。如果使用 Redis 来实现固定窗口算法，可以以时间作为 Redis 缓存的 key。如果以 1 min 为一个时间窗口，可以使用精确到分钟的时间戳作为 Redis 缓存的 key，每分钟向 Redis 缓存写入一个新的 key。请求调用时根据当前时间找到对应 Redis 缓存的 key，增加该 key 的计数。如果计数大于阈值，就限制请求调用。一旦进入了下一个时间窗口，Redis 的 key 就会变成新的 key，计数也会自动清零。

这种算法的优势在于简单、易懂，实现上只需记录当前时间窗口的计数，因此时间复杂度和空间复杂度都比较低。然而，它也存在一个缺点，即在时间窗口内的流量分布不均匀时，限流可能失效。例如，如果前 1 min 的 100 次请求全部集中在最后的 10 s，而后 1 min 的 100 次请求都集中在最开始的 10 s，那么在这连续的 20 s 内就有 200 次请求，超过了每分钟 100 次的限流阈值。因此，如果要严格限制流量访问，固定窗口算法并不是一个很好的选择。

另一种改进的基于时间窗口计数的限流算法叫作滑动窗口算法。这种算法把时间窗口分割为更小的子窗口，如图 2-13 所示。例如，将原本的 1 min 时间窗口分割成 60 个 1 s 的子窗口，这个子窗口的大小是可以灵活调整的。然后记录每个子窗口内的请求次数，在判断是否需要限流时，只需统计最近 60 个子窗口内的请求次数，并计算它们的总和是否超过了限流阈值。

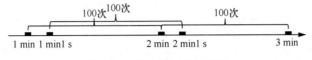

图 2-13　滑动窗口算法示意

如果使用 Redis 来实现这种限流算法，则该实现与固定窗口算法的实现类似，主要区别在于需要将大的时间窗口分割为多个小的子窗口，并以每个子窗口作为 key 记录请求次数。在判断是否限流时，需要计算 60 个子窗口中请求次数的总和。这种算法在空间上由记录一个数值变为记录多个数值，在时间上也由获取一个 key 的值变为获取多个 key 的值，但由于增加的 key 的数量属于常数级别，且对于已经超时的缓存 key 可以通过设置过期时间让它们过期，因此该算法的时间复杂度和空间复杂度相比固定窗口算法的就变化不大了。

因此，滑动窗口算法是一种广泛使用的限流算法。业界流行的组件 Sentinel 就采用了这种算法来实现限流。

固定窗口算法和滑动窗口算法无法保证流量的绝对平滑，它们允许时间窗口范围内的流量出现突增。如果限流阈值设置不合理，这些突增的流量可能会对系统的可用性造成影响。为了解决这个问题，可以考虑使用漏桶算法。

漏桶算法的基本原理是将请求视为水，将所有的请求先放入一个桶中。桶的底部有一个固定大小的漏洞，水会以固定的速率从漏洞中流出，如图 2-14 所示。在实现上，可以使用消息队列作为漏桶，所有的请求都先进入消息队列，然后以一定的速率从队列中消费请求。

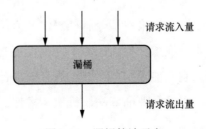

图 2-14　漏桶算法示意

漏桶算法可以有效地控制流量的速率，确保系统接收的流量是平滑的。即使出现突增的大流量，漏桶算法也能够将其平滑处理，防止对系统造成冲击。

除了漏桶算法，还有一种令牌桶算法也可以保证流量尽量平滑。令牌桶算法是漏桶算法的一个改进版本，除了保证流量尽量平滑，还允许流量存在一定的突增。在令牌桶算法中首先有一个桶可以存放令牌，并且有一个令牌的生产方，持续地、匀速地把令牌写入这个令牌桶中，写入令牌的速度决定了客户端消耗令牌的峰值速度。当客户端向服务端发起请求时，请求会先经过令牌桶，尝试从令牌桶中获取一个令牌，如果客户端发送的请求能够获取到令牌，那么请求就能够正常到达服务端；但如果令牌桶为空，客户端无法获取令牌，那么请求就会被丢弃，如图 2-15 所示。同时，令牌桶算法还限制了令牌桶的大小，即桶的容量，这决定了在流量突增时最多可以有多少并发请求。

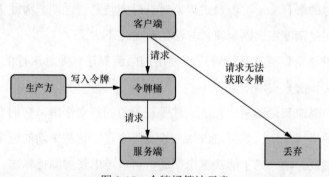

图 2-15   令牌桶算法示意

在使用 Redis 实现令牌桶算法时，Redis 节点可以作为令牌桶，并且有一个单独的线程以固定速率更新 Redis 中的令牌数量。在判断是否需要限流时，需要检查 Redis 节点中的令牌数量是否为 0。如果令牌数量为 0，则执行限流操作。

Guava 工具包中的限流组件采用了令牌桶算法，但是并没有使用 Redis 节点作为令牌桶，而是使用本地变量。然而，对于分布式系统来说，使用本地变量作为令牌桶是不够的，因为它只能限制单个节点的流量，而不能对整个系统进行限流。但是如果使用 Redis 实现令牌桶算法，每次请求都需要经过 Redis 节点，它可能会成为整个系统的瓶颈。

为了解决这个问题，客户端可以从 Redis 节点中一次获取多个令牌并在本地缓存起来。当判断是否需要限流时，首先检查本地缓存的令牌数量是否大于

0。如果是，则允许请求通过，并将本地缓存中的令牌数量减 1；否则，再次从 Redis 节点中获取多个令牌并缓存起来。

这种方法可以极大地减轻 Redis 节点的压力，但如果 Redis 节点不可用，仍然会影响整个系统的限流。为了解决这个问题，可以考虑在 Redis 节点不可用时，将分布式限流降级为本地限流。例如，将限流阈值分配给多个服务端节点，每个节点限制一定次数的请求。这种方法可以解决 Redis 节点不可用时的限流问题，但每个节点限制的请求次数并不一定平均。

2.5.2 自适应限流算法

在使用限流时必须解决的一个问题是：如何设置限流的阈值？阈值设置得高了则达不到限流的目的，设置得低了则可能会影响日常的用户请求。在实际工作中，限流的阈值通常很难设置，大多数情况下，开发人员会按照现有系统峰值流量的某一个倍数来设置，如峰值流量的 1.5 倍或者 2 倍，但是系统在流量到了限流阈值时是不是真的会被流量压垮，是不是真的应该限流，在流量到来之前恐怕很难验证。那么有没有什么办法可以让系统在感知到流量临近系统的限流阈值时主动抛弃部分请求以处于稳定状态呢？

业界对于此类问题的解决方案有一个通用的理论叫作利特尔法则（Little's law），它是排队论的重要公式，是由麻省理工学院的教授约翰·利特尔（John Little）在 1954 年提出的。利特尔法则的计算公式如式（2.5）所示：

$$L = \lambda W \tag{2.5}$$

式中，L 代表队列中物体的数量，W 表示物体在队列中的平均等待时间，也叫作平均逗留时间，λ 指的是物体进入队列的速率。

如果把一所大学比作一个先入先出的队列（先入学的学生先离校毕业），学生在大学里面的平均逗留时间是 4 年，即 $W=4$，大学每年招生的数量是 1000 人，也就是 $\lambda =1000$，那么大学里面学生的数量 $L=4\times 1000=4000$ 人。

类似地，也可以把服务比作一个队列，请求到达服务可以认为进入队列，请求经过服务处理后，产生响应返回给请求方可以认为从队列中弹出，那么服务中可容纳的最大请求数量，也就是服务的最大处理能力，等于请求到达服务的速率

（即请求的吞吐量）乘请求在服务中的逗留时长（即请求的处理时长）。如果当前服务的处理压力超过了这个最大处理能力，服务就应该丢弃部分请求避免服务过载情况的出现。这是自适应限流算法的核心思路。

而在具体实现上，自适应限流算法参考了 TCP 的拥塞控制算法 BBR（bottleneck bandwidth and round-trip）的思路。之所以参考 TCP 的拥塞控制算法，是因为 TCP 链路也面临同样的问题，即如何在充分利用网络带宽的前提下避免网络过载、降低网络延迟。下面介绍 TCP 的主流拥塞控制算法，以及它们在思想上的不同之处，帮助读者更好地理解自适应限流算法的原理。

在 TCP 中，流量和拥塞控制是通过维护两个窗口来实现的。其中一个窗口是接收窗口（receive window，rwnd），它是一个滑动窗口，由数据接收方维护，代表数据接收方处理数据的能力。TCP 中，数据接收方维护一个接收数据的缓冲区，数据被接收到之后首先存放在这个缓冲区中，然后被上层协议处理。然而，存放在缓冲区中的数据并不立即被处理，而是受制于后续处理过程的能力。因此，接收方缓冲区大小减去未处理数据的大小就是 rwnd 的大小。这个窗口大小的信息会随着 TCP 响应包返回给数据发送方，使得数据包发送方可以根据这个窗口大小的信息发送适当大小的数据包，避免发送过大的数据包导致数据接收方缓冲区溢出。

然而，rwnd 仅考虑了数据接收方的处理能力，无法反映网络链路情况。如果此时网络链路出现拥塞，而数据发送方仍按照原有速度发送数据，就会导致链路更加拥塞。这就像在系统过载时，持续施加压力最终只会导致系统崩溃。因此，TCP 通过另一个窗口——拥塞窗口（congestion window，cwnd）来解决网络拥塞问题。历史上，出现了许多拥塞控制算法，它们大多通过控制 cwnd 尽量避免网络拥塞的恶化。有了 rwnd 和 cwnd，数据发送方的发送数据大小被严格控制在小于 min(rwnd, cwnd) 的范围内。

传统的拥塞控制算法都是基于丢包策略的，也就是通过检测丢包来判断当前链路上是否已经发生了拥塞，而丢包多是通过重传超时（retransmission timeout，RTO）和重复肯定应答（acknowledgement，ACK）来判断的。例如 TCP Reno 算法对拥塞进行控制的过程主要分为 4 个阶段：慢启动、拥塞避免、快速重传和快速恢复。

在慢启动阶段，当连接开始建立时，cwnd 的大小会被设置为 1，随后，每收到一个 ACK 消息 cwnd 的大小会加 1，每经过一个往返路程时间（round trip time，RTT），cwnd 的大小会增加一倍。这样，cwnd 的大小会指数级增长，从而使数据发送方可发送的数据大小快速增长。然而，cwnd 的大小的增长并非无限制。当 cwnd 达到慢启动阈值（slow start threshold，ssthresh）时，即进入拥塞避免阶段。慢启动阶段可以看作数据发送速率快速提升的阶段。若在此阶段发生丢包，则会将 ssthresh 减少为当前 cwnd 的大小的一半。

在拥塞避免阶段，cwnd 的大小不再以指数方式增长，而是以线性方式增长。即每经过一个 RTT，cwnd 的大小会加 1。这种增长方式会导致发送速率的缓慢增长。因此，当发生丢包时，数据发送方会等待一个 RTO 的时间再进行数据的重传。为了避免不必要的重传，RTO 通常被设置得比较大。快速重传则是指当数据发送方收到 3 个重复的 ACK 时，不会等待一个 RTO 的时间，而是立即进行重传，并进入快速恢复阶段。在快速恢复阶段，会将 ssthresh 和 cwnd 的大小设置为当前 cwnd 的大小的一半，并继续进入拥塞避免阶段，从而让 cwnd 继续以较缓慢的线性方式增长。

TCP Reno 之后出现了多个改进的基于丢包策略的拥塞控制算法，如 TCP New Reno、TCP BIC、TCP CUBIC 等。有些算法也被 Linux 内核设置为默认的拥塞控制算法。然而，将丢包等同于网络拥塞在某些场景下会带来一些问题，例如在弱网络场景下，网络未出现拥塞时却已经发生丢包，从而导致带宽利用率不高、网络吞吐量较低。

谷歌在 2016 年提出的 BBR 算法基于最大带宽和最小数据往返时间来进行拥塞控制改变了当时拥塞控制的方式。BBR 算法引入了一个概念，即带宽延时积（bandwidth-delay product，BDP），BDP 的计算方式是一段时间内的最大带宽乘最小数据往返时间。如果将网络链路比作一个管道，那么最大带宽可以视为管道的底部面积，最小数据往返时间可以视为管道的长度，BDP 即为管道的容量，这也是利特尔法则的一个应用。

在网络链路上可能存在多个网络设备，每个设备都有一个接收数据缓冲区。在网络流量较小时，网络设备的接收数据缓冲区不会被占用，因为数据进入缓冲区后会立即处理，不会积压。然而，当任何一个网络设备的缓冲区溢出时，就会发生丢包，此时传统的基于丢包策略的拥塞控制算法会通过控制 cwnd 来控制网络拥塞。但在这种情况下，某个网络设备的接收数据缓冲区在发生溢出之前已经拥塞了很长时间，这些拥塞的发生会导致数据往返时间延长。而大多数应用对数据往返时间较为敏感，因此需要尽早发现数据往返时间的延长情况，并在此时进行网络拥塞控制以保障网络的稳定性。

BBR 算法就是基于以上思想设计的。它在经历一个类似于 TCP Reno 的慢启动阶段后，通过控制数据发送速率来持续探测带宽和数据往返时间。例如，在探测带宽时提高发送速率。如果带宽增加且数据往返时间稳定，则继续提高发送速率；如果探测到带宽减小，则降低发送速率。通过不断地探测，开发人员可以找到当前最优的 BDP 值，在充分利用带宽的前提下尽量减少数据往返时间。

系统的自适应限流算法受到了 BBR 算法的启发。与其在系统已经过载时通过设定一个未经验证的阈值来降低系统的处理能力，为何不对进入系统的请求和系统能够处理的请求进行动态平衡呢？这样可以在保证系统不宕机的前提下，尽量处理更多的请求。

阿里巴巴开源的 Sentinel 提供了自适应限流算法的实现。它通过滑动窗口计数可以很容易记录过去一段时间内的请求次数和响应时间，从而可以计算出这段时间内的最大 QPS（最大请求次数 /s，maxQPS）和最小响应时间（minRT），对应 BBR 算法中的最大带宽和最小数据往返时间。按照利特尔法则来看，maxQPS 乘 minRT 代表了系统在这段时间内可以承载的最高负载。Sentinel 使用当前运行的线程数量作为系统是否过载的判断依据，如果当前运行的线程数量超过了 maxQPS 乘 minRT 的结果，则丢弃当前的请求，以达到限流的目的。另外，Sentinel 还为自适应限流算法增加了一个触发条件，即当系统负载超过设定的阈值时才会触发自适应限流算法。

2.6   隔离

隔离是一种用于提升系统可用性和安全性的常见容错手段。隔离通过在逻辑层面或物理层面上将系统内不同的组件、存储资源和服务分隔开，以减少它们之间的互相干扰和影响。特别是系统的核心服务和链路应当被隔离到一个相对安全的环境内，以免受到其他非核心服务和链路的影响。从这个角度看，隔离需要牺牲部分功能以保障核心功能的稳定性。

我曾经维护过一个长期处于双公有云共存状态的系统。在接手这个系统时，我发现尽管区分了主公有云和从公有云，但由于部署在主公有云的核心服务对从公有云的某些存储资源和服务存在强依赖，导致任一云或云间连接出现问题都会影响整体运行，即无法在主公有云出现问题时把核心服务的流量切换到从公有云上来修复故障。

在接手这套系统后，我首先梳理了核心服务强依赖的所有存储资源和服务，将它们全部迁移到主公有云上，并将核心服务对存储资源或者服务的强依赖修改为弱依赖。这样，即使从公有云发生故障，或者主公有云和从公有云之间的连接出现问题，都不会影响核心服务的稳定性。这是一个核心隔离的应用案例。

实际上，隔离方式有很多种，包括动静隔离、物理隔离、线程隔离、快慢隔离和热点数据隔离。下面着重介绍这几种常见的隔离方式。

2.6.1 动静隔离

动静隔离指的是将动态资源和静态资源分开，并采用不同的处理方式，以提高系统的性能和可用性。一个常见的动静隔离的案例就是网站中静态的 HTML 页面和动态请求的隔离。

在互联网发展的早期，主流的网站开发语言还是 ASP、JSP 等。当时的标准开发方式将后端服务分为 3 层：表示层、数据访问层和业务逻辑层。表示层接收到参数后，调用数据访问层和业务逻辑层的逻辑代码获取数据，然后将数据刷新到 JSP 上。JSP 中除静态的 HTML 页面外，还包含由各种 JSP 标签或表达式刷新出来的动态数据。

由于动态数据和静态的 HTML 页面混合在一起，基本无法被缓存。每次请求 JSP 时都需要访问服务的接口获取数据，再把它们渲染到页面上。在系统流量不大的时候，这种方式并不会出现问题，一旦流量增加，就会出现性能和资源占用的问题。渲染 JSP 会占用大量资源，而较大的页面还会占用服务器昂贵的带宽资源。

该问题的解决方案是进行前后端分离，即将静态的 HTML 页面和动态数据分开。静态的 HTML 页面放在 CDN 上缓存，动态数据由前端异步请求。这样做不仅降低了服务端负载和带宽消耗，而且从 CDN 返回静态的 HTML 页面的响应时间也更短，提升了用户体验。

动静隔离除了可以提升静态资源的加载速率外，还可以避免动态资源的频繁更改降低静态资源缓存的命中率，从而提升缓存的利用率。

在 1.3.3 节讲解缓存时，提到为了平衡较快的 CPU 指令的执行速度和较慢的内存访问速度，在近代 CPU 设计中增加了多级缓存来提升数据的读取速度和 CPU 的利用率。然而，CPU 在从缓存读取数据时，并不是一个字节一个字节来读取的，因为这样读取数据的效率太低了。它是以缓存行为单位批量地读取数据的，一般一个缓存行的大小为 64 B，可以存储多个数据。

缓存行的伪共享是一种在多处理器系统中可能出现的性能问题。它指的是当多个处理器上的不同线程同时访问位于同一个缓存行上的不同变量时，一个线程修改了缓存行中的某个变量会导致整个缓存行的数据全部失效，从而间接导致其他处理器上的线程读取这个缓存行的数据时命中率下降。解决缓存行的伪共享问题的一种方法是通过调整内存布局，确保共享的变量不在同一个缓存行中，这可以通过在变量之间增加无关的变量来实现。

缓存行的伪共享示例代码如代码清单 2-10 所示。在 NotFalseSharingExample 类中定义了一个类型为 Counter 的 counter 变量，Counter 类中只有 count1 和 count2 两个 long 类型的变量。在主函数中定义了两个线程，其中一个线程中循环自增此 counter 变量的 count1 变量共 10 亿次，另一个线程中循环自增此 counter 变量的 count2 变量共 10 亿次。Counter 对象包括 12 B 的对象头、两个 8 B 的 long 类型的变量和 4 B 的补全，其大小是 32 B，小于 64 B 的缓存行大小，因此一个 Counter 对象可以放在同一个缓存行中。当线程 thread1 循环自增 count1 时，count2 数据在缓存行中也会被标记为脏的，因此线程 thread2 在获取 count2 的时候不会命中缓存。此代码的执行结果就是两个线程的执行时间都超过了 48 s。

代码清单2-10　缓存行的伪共享示例代码

```
public class NotFalseSharingExample {
    static Counter counter = new Counter();
    public static void main(String[] args) {
        long iteration = 1_000_000_000L;
        //定义两个线程，对counter对象的count1和count2变量循环自增
        Thread thread1 = new Thread(() -> {
            long start = System.currentTimeMillis();
            for(long  i = 0; i < iteration; i++) {
                counter.count1++;
            }
            long end  = System.currentTimeMillis();
            System.out.println("total time: " + (end - start));
        });

        Thread thread2 = new Thread(() -> {
            long start = System.currentTimeMillis();
            for(long  i = 0; i < iteration; i++) {
                counter.count2++;
            }
            long end  = System.currentTimeMillis();
            System.out.println("total time: " + (end - start));
        });

        thread1.start();
        thread2.start();
    }
}

class Counter {
    volatile long count1;
    volatile long count2;
}
```

要解决缓存行的伪共享问题，可以采用以下方法。

- 在JDK8之前，可以通过手动添加空的变量来解决。例如，在Counter类中的count1和count2两个变量之间增加8个无用的long类型的变量，也就是在两个变量之间增加了64 B的空白数据进行填充，这样可以避免这两个变量缓存在同一个缓存行上。

- 在 JDK 8 及之后版本中，Java 编译器在编译期会自动忽略无用的变量，因此手动添加空变量的方法失效。不过，在 JDK 8 中引入了 sun.misc.Contended（@Contended）注解，使用这个注解可以自动进行数据填充。增加此注解后的代码，如代码清单 2-11 所示。

代码清单2-11　解决缓存行的伪共享示例代码

```java
public class NotFalseSharingExample {
    static Counter1 counter = new Counter1();
    public static void main(String[] args) {
        long iteration = 1_000_000_000L;
        Thread thread1 = new Thread(() -> {
            long start = System.currentTimeMillis();
            for(long i = 0; i < iteration; i++) {
                counter.count1++;
            }
            long end = System.currentTimeMillis();
            System.out.println("total time: " + (end - start));
        });

        Thread thread2 = new Thread(() -> {
            long start = System.currentTimeMillis();

            for(long i = 0; i < iteration; i++) {
                counter.count2++;
            }
            long end = System.currentTimeMillis();
            System.out.println("total time: " + (end - start));
        });

        thread1.start();
        thread2.start();
    }
}

class Counter1 {
    //增加注解，自动填充数据
    @Contended("1")
    volatile long count1;
    @Contended("2")
```

```
    volatile long count2;
}
```

在这段代码中,相比代码清单 2-10 的改动是将 Counter 类改为了 Counter1 类,并在 Counter1 类的 count1 和 count2 变量上增加了 @Contended 注解。但是在执行代码时,Java 虚拟机(Java virtual machine,JVM)会默认忽略除了 JDK 内部类中的此注解。如果想要让注解生效,需要在执行命令中增加 -XX:-RestrictContended 参数。执行此段代码后发现,两个线程的执行时间都减少到了约 6 s,相比之前 48 s 的执行时间大大缩减了。

解决 CPU 缓存行的伪共享的方案是一个隐藏在操作系统底层逻辑中的动静隔离的案例,绝大部分开发人员在日常开发过程中并不会对这个案例有太大的感知。而对数据库按照字段的动静特性进行分表则是一个效果更加明显的案例。

在做数据库设计时,对于字段较多的数据表进行垂直拆分可以提升系统 I/O 效率和性能。垂直拆分的原则是将经常使用的字段隔离到同一个表中,而按照字段的更新频率对数据表进行垂直拆分也是一种常见的思路。例如,我在维护一个日均活跃用户数过亿的社区系统时,发现其用户系统的用户表进行了垂直拆分,将用户 ID、昵称、性别、注册时间等字段隔离成一个独立的用户基本信息表,而将用户最近更新时间、最近登录时间、最近活跃时间等字段隔离到用户元信息表中。

这种分表设计的背后逻辑是,用户基本信息表的数据基本上不会有任何变化,且访问频率很高,而用户元信息表需要频繁变化,且不需要频繁访问。将它们隔离是为了提升 MySQL 内部 Buffer Pool 的命中率。

Buffer Pool 是 MySQL 存储引擎层的内存组件,它缓存了数据表中每一行的数据。MySQL 的数据在磁盘上是以数据页为单位存储的,而在 Buffer Pool 中是以缓存页为单位来缓存的,一行数据会尽量缓存在同一个缓存页上。当执行 SQL 查询语句时,MySQL 会首先查询 Buffer Pool 中是否有对应的缓存页,如果有则直接返回缓存页上的数据;否则会从磁盘上查询,MySQL 查询到数据后会将其复制到 Buffer Pool 的缓存页中,并返回给请求方,这样后续同样的查询就可以命中 Buffer Pool 中的缓存页数据了。

然而，由于 Buffer Pool 中缓存了数据表的行，因此一行中的任何一个字段发生了变化，整个数据行都会在 Buffer Pool 中被标记为失效。因此，将用户基本信息和用户元信息隔离可以避免频繁变更用户元信息导致 Buffer Pool 失效的问题，从而保证获取用户基本信息时可以尽量命中 Buffer Pool 中的缓存页数据，提升查询性能。

因此，为了提升 Buffer Pool 的命中率，应该尽量降低数据库内数据的更新频率。对于写多读少的数据，可以将它们独立成一张单独的表；而对于写多读多的数据，频繁的变更可能导致 Buffer Pool 的命中率下降，应该考虑将数据隔离到类似 Redis 这种 NoSQL 存储中。例如，在社区系统的运营初期，一条内容的点赞量和转发量数据可能与内容存储在同一张表中。但随着流量的增加，这条内容的点赞量和转发量数据的读写量也会快速增长，因此也应该将其隔离到单独的存储中。

2.6.2　物理隔离

物理隔离是另一种常见的隔离方式，它指的是按照不同的维度将系统进行拆分，以避免某一个服务的故障影响其他服务的正常运行。在系统初始搭建阶段，开发人员通常会将所有功能部署在一个大而全的服务中。虽然这种部署方式简单、维护成本低，但任何一个功能出现问题都可能导致整个系统的不稳定。因此，需要考虑按照不同的维度把系统拆分成多个服务池，从而避免服务之间的相互影响。

首先，考虑以业务维度作为服务拆分的依据，将系统按照业务功能拆分成多个服务池。例如，社区系统可以拆分为用户服务池、内容服务池、互动服务池、关系服务池等。同样地，电商系统可以拆分为订单服务池、支付服务池、促销服务池、商品服务池等。随着业务变得更加复杂，业务功能也会更加细化，因此服务池的拆分也会更加精细化，例如，关系服务池可能会进一步拆分为关注服务池和黑名单服务池，互动服务池可能会进一步拆分为点赞服务池和收藏服务池等。

其次，可以根据面向的客户端来进行拆分，例如拆分为 Web 服务池、App

服务池、内部服务池等。

最后，可以根据接口的重要程度将服务池拆分为核心服务池和非核心服务池。以关系服务池为例，可以将其拆分为关系核心服务池和关系非核心服务池。关系核心服务池可能包含与关注者和支持者相关的接口，而关系非核心服务池可能包含与黑名单服务相关的接口。在实际工作中，开发人员通常会综合考虑以上几种拆分维度来进行系统设计。

在进行物理隔离时，除了进行服务池的拆分外，还需要对单台机器上的进程进行资源隔离，以避免彼此之间的干扰。例如，Redis 内部是单线程执行的。在运行过程中，Redis 进程可能会与同一台物理机上部署的其他进程竞争 CPU 的时间片，这可能导致频繁的上下文切换，从而影响 Redis 的性能。解决该问题的常规做法是对 Redis 进程进行 CPU 的亲和性绑定，即将 Redis 的执行绑定在一个固定的 CPU 上，这样就可以避免 Redis 进程与其他进程竞争 CPU 的时间片的情况发生，有利于提升 Redis 的性能。

2.6.3　线程隔离

线程是操作系统中 CPU 调度的基本单位，通常被视为系统内的重要资源，需要进行适当的隔离和管理。如果线程隔离不当，很容易因为某个线程或一类请求占用了全部资源而导致服务宕机。线程隔离通常有两种方式：一种是线程池的隔离，另一种是线程池内部线程的隔离。

线程池作为一种线程管理方案，在 Java 语言中得到了广泛应用。其简单原理是在内部管理多个线程和一个任务队列，当有空闲线程时，会直接利用线程执行任务；当没有空闲线程时，则将任务放入队列中，在线程空闲后再执行该任务。在系统方案设计中，需要考虑将不同业务、不同优先级的线程池隔离，以避免低优先级任务抢占宝贵的线程资源，从而阻碍高优先级任务的执行。

例如，Netty 作为流行的开源网络框架，在许多开源组件如 Dubbo、RocketMQ 等中得到了广泛应用，它在内部也对线程池进行了隔离。Netty 使用一个独立的线程池来处理连接请求，一旦完成 TCP 三次握手，就会将该连接放入另一个 I/O

线程池中。I/O 线程池主要负责处理该连接上的所有读写操作，一旦解析到数据，就会将其传递给业务线程池进行真正的业务处理。

在业务系统中，线程池也需要根据重要程度进行隔离。例如，在聚合社区系统的首页时，对于必须展示的数据，如内容、用户等数据的获取，可以使用一个核心线程池进行处理；而对于登录用户是否点赞内容、是否关注用户等数据的获取，则可以使用非核心线程池进行处理。

除了在系统级别进行线程池隔离，还可以在线程池内部对不同的业务功能进行线程隔离。例如，如果业务使用 Tomcat 作为 Web 容器，而 Tomcat 使用线程池来并发处理 HTTP 请求，则可以为 Tomcat 设置一个自定义的线程池，在该线程池中针对不同的业务功能设置可用线程的数量。假设总线程数为 800，那么某个业务功能可用线程的数量可以设置为 200 ～ 300。这样就不会出现因为某个业务功能处理缓慢而占用线程池的所有线程的情况。

2.6.4 快慢隔离

如果将服务抽象为一个搅拌池，可以将搅拌池的入口视为接收各种需要处理的请求的地方，有些请求可能较大且处理时间较长，就像硬质物品一样，它可能会导致出口堵塞，从而使得后续的请求无法及时处理。同样地，服务也存在这样的情况，处理时间较长的请求可能会阻塞整个服务，因此需要对不同处理时间的请求进行快慢隔离，以避免少量的慢请求影响整个服务的响应速度。

我曾经负责维护一套转码服务集群，该集群在接收到转码请求后会将需要转码的视频放入队列中，队列的消费端由多个转码处理节点组成，它们在消费到队列中的视频后会执行实际的转码操作。在系统构建初期，我们并未考虑做任何隔离。

有一天，运维人员突然接收到了转码服务集群的队列长度超过阈值的报警。开发和运维人员立即检查了转码处理节点的状态，发现大部分转码处理节点都在处理长视频，每个视频的平均转码时间长达 8 h，导致队列中的短视频无法被及时转码。

为了解决这个问题，我和团队其他人立即对转码服务集群的队列和转码处理节点进行了隔离和拆分。对于长度超过一定阈值的视频，将其放入慢处理队列，并由一组独立的转码处理节点来处理。而其他正常长度的视频则继续放在原来的队列中进行处理。这就是快慢隔离的典型场景和实现方案。

2.6.5 热点数据隔离

在互联网系统中，有时会出现极端的热点数据，例如微博上某明星突然宣布恋爱相关消息的新闻、突然出现名人的直播间、电商系统中的促销商品等。针对这类热点数据，如果采用缓存分片和数据库分表的方案来处理，很可能会导致某个缓存分片或数据库分表的请求量异常增加，从而造成缓存分片或数据库分表的单点故障，影响该分片或者分表上的所有数据。

针对这种情况，通常的做法是将热点数据隔离到独立的存储区域中，这样即使其发生故障也不会影响其他数据。隔离的热点数据，一般具备两个特点：一是数据量少，例如电商系统中的促销商品可能只有几个，其数量占总体商品数量的比例非常小；二是访问频率非常高。

针对这种数据，可以采用多种隔离方案。例如，可以使用本地缓存和分布式缓存结合的方式进行多级缓存，也可以将热点数据隔离到独立的分布式缓存集群中，另外还可以将热点数据存储到独立的数据库中。

2.7 小结

本章主要介绍了重试、熔断、降级、超时、限流和隔离这6种常见的系统容错手段。

重试可以帮助系统从故障中恢复，但如果采用了不当重试策略将会增加整个系统的压力，进而引发重试风暴等问题，导致系统崩溃。读者在制定重试策略时，可以重点关注判断是否重试、选择合适的退避策略和限制重试次数这3个方面。

熔断的作用是让响应缓慢的故障服务快速失败并将其隔离，以减轻故障服务对整体系统的影响；降级的作用是通过牺牲部分功能和用户体验来保障整体服务的可用性；超时是在下游系统出现问题或者流量过载时对上游系统的一种保护手段；限流是对流量进行塑形的一种手段，可以在系统故障时让部分用户的业务核心链路能够正常执行；隔离通过在逻辑层面或物理层面上将系统内不同的组件、存储资源和服务分隔开，以减少它们之间的互相干扰和影响。读者在进行系统设计和开发的过程中，需要结合业务场景灵活使用这些系统容错手段，以保证整体系统的可用性。

第 3 章

冗余

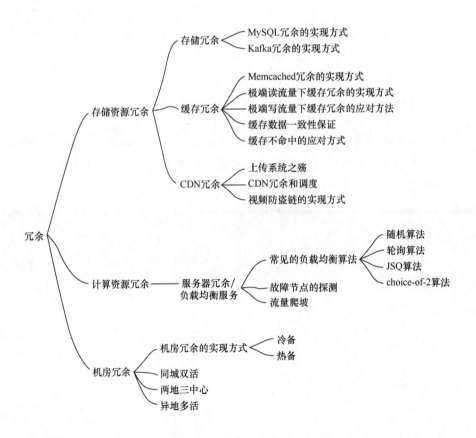

冗余是提升系统可用性和健壮性的一种常用方法。本章将介绍存储资源冗余、计算资源冗余和机房冗余的实现方式。

3.1 什么是冗余

冗余的定义：系统为了提升其可用性，刻意配置重复的组件或者功能。

假设一个组件发生故障的概率是1%，那么其可用性就是99%。如果为这个组件配置一个冗余组件，那么两个组件同时发生故障的概率就是1%×1%，即0.01%。这样将两个组件作为一个整体的可用性就提升到了99.99%，提升效果非常明显。因此，在很多工业设计和制造领域中，冗余是一种常见的降低故障概率的方法。例如，在航空这种高风险行业中，飞机上都会配置备用的发动机来避免由单一发动机故障导致的空难；数据中心中无论是网络、电源还是冷却系统都是有冗余的，任何一项出了问题都可以切换到备用网络、电源或冷却系统上以实现高可用。

系统中存在的资源主要分为存储资源和计算资源两类，其中数据库和缓存属于存储资源，而服务器和负载均衡服务则是典型的计算资源。因此，冗余总体上也分为两类：存储资源冗余和计算资源冗余。

存储资源冗余的实现方式相对复杂，因为存储资源中通常保存了大量的数据。在发生故障需要切换时，需要考虑冗余的存储资源是否包含全量的数据、是否存在数据丢失的情况，以及数据的同步延迟是否会对业务系统造成影响等因素。

计算资源冗余的实现方式相对比较简单，原因在于计算资源通常是无状态的，不同的计算节点在系统中的地位是相同的，因此在某个计算节点发生故障需要切换时可以任意选择一个正常的计算节点来切换流量。

下面首先以数据库、消息队列、缓存和CDN作为典型的存储系统，介绍存储资源冗余的基本原理，以及在实现过程中可能遇到的问题及其解决思路；接着，详细解释负载均衡服务作为计算资源冗余的核心组件的工作原理、常见算法，以及在使用过程中可能遇到的问题及其解决方法；最后，介绍在机房中部署互联网系统时，如何将存储资源和计算资源作为整体考虑，以及机房冗余的实现方式，从而提升系统跨机房、跨地域的可用性。

3.2 存储冗余

广义上的存储系统有很多，人们在日常工作中经常使用的有以MySQL为代表的数据库系统，以 HBase、MongoDB 为代表的 NoSQL 数据库系统，以 TiDB 和 Spanner 为代表的 NewSQL 数据库系统，以 Redis 为代表的缓存系统，以及以谷歌文件系统（Google file system，GFS）、Hadoop 分布式文件系统（Hadoop distributed file system，HDFS）和淘宝文件系统（Taobao file system，TFS）为代表的文件存储系统。因为消息队列 Kafka 和 RocketMQ 也有一些数据存储的功能，所以本节也将其作为一类存储系统。

不同的存储系统在实现冗余时采用的方式大相径庭，但是都遵循分布式系统领域的 CAP 理论。CAP 理论强调的是分布式系统往往无法同时满足一致性（consistency）、可用性（availability）和分区容错性（partition tolerance），这揭示了分布式系统在设计时面临的关键权衡。

一致性指的是，在分布式系统中，一旦数据在某个节点上发生更新，其他所有节点应当能够立即读取到更新后的数据。这个属性保证了客户端无论访问哪个节点，获取的数据都是一致的、最新的。

可用性则关注的是系统对用户请求的响应能力。无论系统内部发生何种问题，只要用户发起请求，系统都应尽量返回结果，而不是出现服务中断或响应超时的问题。这个属性确保了系统在面对各种故障时，仍然能够维持基本的运行能力。

而分区容错性则是分布式系统必须面对的挑战。在大型分布式系统中，由于网络环境的复杂性和不确定性，节点之间的通信可能会出现问题，导致系统被分割成不同的网络区域（即分区）。分区容错性要求系统在这种情况下仍然能够继续运行，而不会因为网络分区而整体崩溃。

对于分布式系统而言，分区容错性通常是必须保证的。因为在实际环境中，网络问题几乎无法避免，而系统不能因为网络的一时故障就停止服务。这就导致了系统在设计时需要在一致性和可用性之间做出权衡。追求强一致性可能会牺牲部分可用性，因为在某些情况下，为了确保数据的一致性，系统可能需要暂时拒绝一些请求，等待数据同步完成。相反，如果更看重可用性，那么在某些情况下可能需要接受一定程度的数据不一致性，以确保系统能够持续提供服务。

例如，如果一个存储系统有 3 个节点，其中一个节点作为主节点，负责接收并处理数据的写入操作，而其他两个节点则是从节点，负责对客户端提供数据读取服务。主节点负责将数据同步到两个从节点上。在能够容忍分区错误的前提下，一旦发生网络分区，数据就无法从主节点实时同步到其他从节点上。此时，要么舍弃整体系统的可用性，只在客户端访问到成功同步数据的节点时提示成功，而在客户端访问到没有成功同步数据的节点时提示错误；要么舍弃数据一致性，客户端在访问不同的节点时虽然能够成功，但是从不同节点返回的数据会不同。因此，在实现存储冗余时，也需要针对业务场景选择整体系统的可用性优先还是数据一致性优先。

下面就针对两个典型的存储系统 MySQL 和 Kafka 讲解冗余是如何实现的。

3.2.1　MySQL冗余的实现方式

MySQL 冗余是通过主从复制机制来实现的，它是由 MySQL 组件原生提供的一种机制，可以将数据同步到多个实例中。数据写入的 MySQL 实例称为主库，而被同步数据的实例称为从库。主从复制有两个作用：其一，当主库承担的流量超过了其能承载的极限时，可以将部分流量切换到从库上，从而提升整体的流量承载能力；其二，当任何一个 MySQL 实例发生故障时，都可以将流量切换到其他的实例上，以实现整个集群的高可用。

MySQL 主从复制的原理基于 binlog，binlog 是由 MySQL 生成的二进制格式的日志文件，其中详细记录了 MySQL 对数据进行的任何修改行为。MySQL 主从复制的原理如图 3-1 所示。

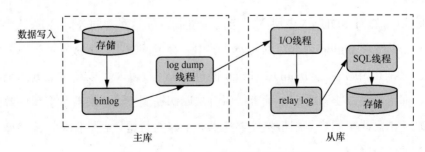

图 3-1　MySQL 主从复制的原理示意

首先，MySQL 的主库会将任何数据修改语句都写入 binlog 中。在从库上会创建 I/O 线程和 SQL 线程。当从库连接到主库后，I/O 线程会请求获取指定的 binlog 位置之后的日志内容。主库在接收到请求后，运行在主库上的 log dump 线程会按照请求中的 binlog 位置读取 binlog 的内容，并将这些内容发送给从库。从库的 I/O 线程接收到内容后，会将内容写入从库的中继日志（relay log）中。

从库的 SQL 线程会实时检测 relay log 中新增加的内容，并将这些内容解析为 SQL 语句，然后执行这些 SQL 语句，以保证主库和从库的数据一致性。一旦发生网络分区，主库和从库之间的数据同步断开，在没有人工介入的情况下，主库和从库仍会响应用户请求，只不过数据的一致性就会出现问题。因此，MySQL 主从复制的可用性高于数据一致性。

在 MySQL 3.23.15 中引入主从复制机制时，从库只有一个线程同时承担 I/O 线程和 SQL 线程的作用。数据从主库发送到从库之后会立刻写入从库存储中，而不会写到 relay log。然而后来发现，如果从库的性能衰减，从主库读取数据的速度就会被拖慢，最终导致大量的 binlog 无法被同步到从库。因此，在 MySQL 4.0.2 中将从库的线程拆分成了 I/O 线程和 SQL 线程。

在主从复制的过程中，数据被写入主库后，主库并不会等待数据被同步到从库就直接返回数据写入成功的消息，而后续的数据同步是完全异步的，因此主从复制也被称为异步复制。然而，这种异步复制存在一个缺陷，即如果在数据被写入主库但还未同步到从库时主库宕机，此时主库和从库的数据就不一致了。若此时从库被提升为主库，则可能会导致数据丢失。因此，在一些对数据一致性要求较高的领域，如金融领域，MySQL 的异步复制可能会丢失数据，这一缺陷一直备受诟病。

因此，在 MySQL 5.5 中引入了半同步复制。在这种机制下，主库必须等待至少一个从库将 binlog 内容写到 relay log 中才会返回数据写入成功的消息。而在 MySQL 5.7.17 中引入了 InnoDB Group Replication 技术，可以实现数据的全同步复制，即主库在提交事务后必须等待所有从库都提交了这个事务才会返回数据写入成功的消息。全同步复制虽然能够提供非常好的数据一致性保障，但会增加单个事务的响应时间。

因此，在实际工作中，如果对数据一致性要求较高，可以考虑使用半同步复制来兼顾一致性和可用性。但对于大多数互联网系统而言，异步复制仍然是主流的主从复制机制。

使用了主从复制之后，主从延迟成为系统中非常重要的监控指标。因为如果系统采用了主从分离的架构，即数据写到主库，但是自从库中读取，那么较高的主从延迟会导致从库无法读取到最新写入的数据。即使使用主从复制只是为了做数据的冗余备份，较高的主从延迟也会让从库数据与主库数据存在较大的不一致，失去了数据备份的意义。

造成主从延迟的原因有很多，例如给大表增加索引、删除大量数据等操作会产生大事务，这些大事务产生的 binlog 内容同步到从库之后，从库需要较长时间回放这些 binlog，从而造成主从延迟。另一个常见的造成主从延迟的原因是从库的压力较大，导致 binlog 内容回放的时间变长。

因此，避免大事务和使用缓存减小从库的压力是避免主从延迟的常用方法。

3.2.2 Kafka冗余的实现方式

Kafka 是高并发系统常用的一种组件。作为一种消息队列的实现，Kafka 会把消息存储在本地磁盘中，因此广义上来说它也是一种存储系统。如果常规的 MySQL 冗余的实现方式是异步复制，那么 Kafka 冗余的实现方式则是半同步复制，半同步复制相比异步复制会在系统可用性和数据一致性两方面有更好的平衡点，理解 KafKa 冗余的实现方式对于大家理解或者设计存储系统会有一些帮助。在介绍 Kafka 冗余原理之前，先简单介绍 Kafka 的基本架构和几个重要概念。

Kafka 的基本架构如图 3-2 所示。消息的产出方称为生产者，消息的获取方称为消费者。如果需要多个消费者共同消费同一份消息，可以启动多个消费者并将它们组成一个消费者组。同一个消费者组中的不同消费者会消费不同的消息，而不同的消费者组中的消费者可能消费到相同的消息。

消息的存储节点称为 broker，消息在 broker 中以主题（topic）的形式组织。topic 可以看作一个队列，先写入的消息会先被消费者消费。但如果生产者有大量的消息需要写入，那么使用单一的 topic 时，无论是生产消息还是消费消息，吞吐量都是非常有限的。因此，topic 会被分成多个分区（partition）。每一个分区可以认为一个逻辑队列，当一个消息要被写入时，会按照策略把消息写到不同的分区中。在消费时，一个分区中的消息只能被消费组中的一个消费者消费。当然，一个消费者可以同时消费多个分区的消息。

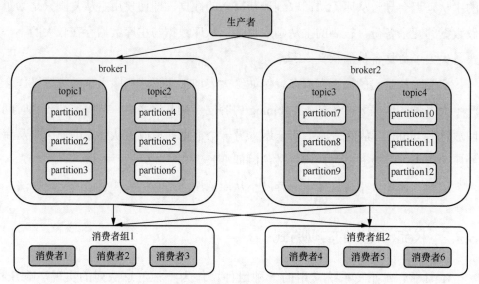

图 3-2　Kafka 的基本架构示意

　　Kafka 的消息冗余存储是基于多个冗余分区实现的。一个分区中的消息会被同步到不同的 broker 上，提供给生产者和消费者写入和读取的分区称为主分区（leader），其他的冗余分区称为从分区（follower）。follower 不会被读取和写入，只用于备份数据，在 leader 出现故障时，follower 才会被提升为 leader，以供生产者和消费者使用。

　　并非所有的 follower 都可以被提升为 leader。Kafka 会为每一个 leader 维护一个同步副本集合（in-sync replicas，ISR），其中包含 leader 和所有与 leader 保持同步的 follower。ISR 中的分区是动态调整的。在 Kafka 0.9 之前，有两个参数控制了 leader 在什么情况下从 ISR 中移除某些 follower。一个参数是 replica.lag. max.messages，其含义是当 ISR 中的 follower 未能和 leader 同步的消息数达到配置的消息数时，这个 follower 就会被从 ISR 中移除。另一个参数是 replica.lag. time.max.ms，代表此 follower 在配置的时间间隔内没有向 leader 发送读取消息的请求，或者此时与上一次此 follower 与 leader 同步成功的时间间隔已经超过了配置的时间间隔，则这个 follower 就会被从 ISR 中移除。

在 Kafka 0.9 中，replica.lag.max.messages 被移出了配置。原因是当生产者批量生产了大量的消息并写入 leader 时，ISR 中的 follower 很可能因为还来不及与 leader 同步就被从 ISR 中移除。然而，这并不一定是 follower 本身的问题导致的。follower 有可能在下一次同步消息后就会与 leader 同步成功。因此，replica.lag.max.messages 参数可能会造成 follower 频繁地被移出和移入 ISR，这显然不符合预期。

有了 follower 做灾备之后，还需要考虑的问题是消息可见性。假设 Kafka 集群的一个分区存在一个 leader 和两个 follower。在某一时刻，leader 写入了编号为 1 ~ 5 的 5 条消息，最新一条消息的编号是 5，两个 follower 都暂时同步了编号为 3 的消息，尚有两条消息没有同步。如果对于消息可见性没有定义，那么消费者就可以消费到编号为 5 的消息。然而，假如 leader 宕机了，两个 follower 中的任何一个被提升为 leader 之后，消费者使用已经消费消息的偏移量（消息被消费者消费的位置）来请求时，发现新的 leader 并没有这个偏移量，此时就会出现消费错误。

Kafka 提供的解决方案是定义高水位线（high watermark，HW）的概念。Kafka 的每一个分区都有一个日志结束偏移量（log end offset，LEO），它表示分区最后一条日志的下一个偏移量，即将被写入消息的偏移量。而高水位线则是 ISR 中所有分区的 LEO 的最小值。高水位线以下的消息被称为已经提交的消息，是可以被消费的。有了高水位线概念之后，消费数据时就可以保障一致性了。在 leader 或 follower 发生故障时，也可以随时进行切换。

3.3 缓存冗余

相比存储系统，缓存系统很少提供原生的冗余机制。虽然 Redis 在早期版本就已经提供了主从同步的机制来实现数据冗余，但这主要是因为 Redis 提供了数据的持久化存储功能，所以它被用作存储系统而非纯粹的缓存系统。Redis 的主从同步机制与 3.2.1 节讲到的 MySQL 的主从复制机制相似。下面简单介绍一下 Redis 的主从同步机制。

在 Redis 2.8 之前，Redis 仅提供了全量复制的方案。全量复制的具体过程如下：当 Redis 从库首次连接到主库时，主库执行一次 bgsave 操作将当前内存中的数据生成一份全量的 Redis 数据库快照（Redis database snapshot，RDB）文件并保存在磁盘上。生成成功后，主库将其传输到从库上。从库加载这个 RDB 文件即可获取主库的内存镜像。在生成和传输 RDB 文件的过程中，主库会持续接收数据并将其写入，这些写入的命令会被写入主库的缓冲区。传输完成后，主库会将缓冲区中的命令传输给从库，从库完全回放这些命令后，主库和从库中的数据就完全一致了。

然而，这种方案存在明显的问题：主库生成和传输 RDB 文件的过程耗时且资源消耗大；当主库和从库之间的网络出现中断时，从库需要重新进行一次全量复制，成本较高。因此，在 Redis 官方未解决这个问题之前，一些大型公司会对 Redis 进行二次开发以实现增量数据同步。

在 Redis 2.8 中，Redis 官方推出了增量数据同步方案。在该方案中，主库和从库都依赖一个命令偏移量。主库在写入数据时，会将最近执行的命令写入一个复制积压缓冲区中。当网络出现中断时，从库会携带最近同步的命令偏移量向主库请求数据。如果该偏移量在复制积压缓冲区中存在，主库将直接返回增量数据。如果从库断开时间过长，复制积压缓冲区的数据已被覆盖，则只能重新进行全量数据同步。

Redis 拥有相对完善的主从复制机制，一方面是因为 Redis 可以作为存储系统使用，其主从复制思路也受益于存储系统的主从复制思路；另一方面，Redis 诞生于 2009 年，正值移动互联网发展的早期阶段，移动互联网中的高并发系统对性能和可用性的需求间接推动了 Redis 主从复制机制的发展。

在 Redis 出现之前及之后的很长一段时间里，Memcached 作为一种主流的缓存解决方案被许多大型互联网公司采用。因此，本节将重点介绍 Memcached 冗余的实现方式。

3.3.1　Memcached冗余的实现方式

Memcached 原生不提供主从同步机制，实现 Memcached 冗余只能依靠客户端。具体的实现方式：同时部署两个 Memcached 节点，一个是主节点，另一个是从节点。在写入数据时，客户端会同时将数据写入主节点和从节点；在读取数据时，会优先读取主节点的数据，如果主节点不可用或者主节点数据未命中，则会读取从节点的数据，然后将数据回写到主节点上。这样，每个缓存节点都增加了一个可用的冗余节点，主节点和从节点中任何一个节点出现问题，对于缓存的命中率都不会产生很大的影响。

然而，这种方式在实际运维过程中仍然需要经受许多考验。我在实际工作中就遇到过一个故障案例。当时的系统已经实施了同城双活，其简单架构如图 3-3 所示。

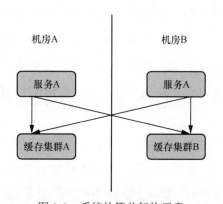

图 3-3 系统的简单架构示意

系统中存在 A、B 两个机房。机房 A 部署了服务 A 和一套核心缓存集群 A（简称缓存集群 A），机房 B 也部署了服务 A 和与缓存集群 A 类似的核心缓存集群 B（简称缓存集群 B）。两个机房部署的服务 A 承担了大量的流量，其中 99.9% 的流量都由缓存集群 A 或缓存集群 B 承担。每个缓存集群包含 8 个缓存节点。由于任何一个缓存节点的故障都会导致底层数据库承担 1/8 的流量，这对数据库来说是难以承受的。因此，为了保证可用性，需要为这两个缓存集群各自部署一个从缓存集群，即每个机房部署一个主缓存集群（作为主节点）和一个从缓存集群（作为从节点）。

但是为了降低部署成本，两个机房各自只部署了一个缓存集群。机房 A 部署的服务 A 以缓存集群 A 为主节点，以机房 B 的缓存集群 B 为从节点。而部署在机房 B 的服务 A 则以本机房的缓存集群 B 为主节点，以机房 A 的缓存集群 A

为从节点。由于从节点只在主节点失效或未命中时才会被使用，因此在正常情况下不会出现太多跨机房调用缓存集群的情况。这样的部署不仅在性能和可用性方面都没有太大问题，而且尽可能地节省了成本。

出现故障当天，由于某种原因，运维人员需要对机房 A 的缓存集群 A 进行重启操作。按照运维的标准操作文档，重启操作必须在业务低峰期执行，并且每次只能重启 8 个缓存节点中的一个缓存节点。待重启缓存节点的命中率恢复到 99.9% 以上之后，才能继续重启下一个缓存节点。然而，运维人员在操作时违反了标准操作文档的要求，一次性重启了两个缓存节点。

他考虑在另一个机房存在从节点来承担缓存节点重启后传输过去的流量，应该不会把数据库压垮。但是他没有考虑到两个机房的流量有很大的不同。机房 A 缓存的 key 会经常被访问且不会过期，而机房 B 中同一个 key 可能因不经常被访问而已经过期了。因此，当两个缓存节点同时重启时，缓存的命中率虽然下降了不到 1% 却将数据库瞬间压垮，并且在故障修复之前数据库再也没有成功重启。

从这个故障案例中，一方面，我们看到了理论和实践之间的差距。缓存集群的主从节点部署看起来无懈可击，但在实际工作中仍会受到很多因素的影响。因此，在重点关注缓存命中率的情况下，应根据实际情况制订方案；另一方面，我们也需要对线上环境保持敬畏之心，进行任何线上操作都必须遵循标准操作文档的流程，不能有丝毫的侥幸心理。

3.3.2 极端读流量下缓存冗余的实现方式

对 Memcached 做主从节点部署可以保障大部分场景下的系统可用性，但是当遇到极端读流量的时候仍然会存在一些问题。我遇到的一个典型问题是网卡有时会出现丢包，而丢包的原因主要有两个——服务器 CPU0 的软中断负载较高和网卡带宽的限制。

1. 服务器 CPU0 的软中断负载较高

要解释这个原因，首先需要从系统的中断说起。中断是指处理器接收到来自硬件或软件的信号，提示发生了某个事件，应予以注意。中断主要是为了处理一些硬件响应,例如接收网络数据包、响应键盘的按键等而提出的。当中断信号到达时,CPU 会暂停当前正在执行的任务,并且保存现场,以便在处理完中断操作后可以继续执行原来的任务。如果没有中断机制,那么在 CPU 向硬件设备发出指令后需要一直等待硬件设备响应,期间不能执行其他任务。引入中断机制后,CPU 在向硬件设备发出指令后可以立即执行其他任务,而硬件设备完成任务后会触发中断,使 CPU 处理响应结果。

CPU 在处理中断信号时,会暂时禁用其他中断信号,这意味着 CPU 不会同时处理多个中断信号。这可能会导致一个问题,即如果当前中断信号的处理非常耗时,会增加其他任务的等待时间,从而造成潜在的性能影响。为了解决这个问题,操作系统将中断处理程序分为了上半部和下半部。上半部通常执行得很快,可以快速释放 CPU 资源,而下半部通常耗时较长,对实时性要求不高,可以在 CPU 空闲时执行。下半部的常见实现方式是软中断。

以接收网络请求为例,网卡在接收到数据后会通过直接存储器访问(direct memory access,DMA)技术将数据包复制到环形缓冲区中。然后网卡触发中断,CPU 收到中断信号后会将数据从环形缓冲区复制到内核可访问的内存中,然后触发软中断,由软中断完成上层协议栈对数据的处理。通常,中断处理程序会在第一个 CPU 核心上运行。当网络负载较高时,第一个 CPU 核心可能会变得非常繁忙,无法实时处理网络中断信号,导致环形缓冲区被数据占满,从而导致数据丢失。

Linux 2.6.21 内核版本中引入了对网卡多队列的支持,在很大程度上缓解了由单个 CPU 处理中断带来的性能问题。在未开启网卡多队列时,一个网卡只能分配一个中断号,因此只能由单个 CPU 来处理中断信号。而开启了网卡多队列后,网卡内部会存在多个环形缓冲区,网卡收到数据包时会将它们分配到不同的环形缓冲区中。此外,还可以为网卡申请多个中断号,使每个环形缓冲区对应一个中断号。然后通过 CPU 亲和性配置,将每个中断号绑定到不同的 CPU 核心上,从而利用多核 CPU 的处理能力来接收网络包。

然而,网卡多队列必须依赖硬件和驱动程序的支持。如果硬件和驱动程序不支持网卡多队列,或者即使支持网卡多队列,队列数量仍然有限,对于拥有数十甚至上百个 CPU 核心的现代服务器来说,队列数量有限,可能不足以完全解决

CPU 负载过高导致的丢包问题。

为了应对这些挑战，在 Linux 2.6.35 内核版本上，谷歌工程师提交了接收数据包转向（receive packet steering，RPS）和接收流转向（receive flow steering，RFS）的补丁。RPS 是网卡多队列的软件实现方式，它可以将中断负载分散到多个 CPU 上。当数据包从环形缓冲区中取出后，根据数据包的四元组（源 IP 地址、源端口、目的 IP 地址和目的端口）计算哈希值，然后将数据包转发到不同 CPU 的队列中，由相应的 CPU 处理。RFS 则是对 RPS 的改进，通常与 RPS 一起设置。在 RPS 机制下，数据包的分发 CPU 和实际处理 CPU 可能不同，导致 CPU 缓存命中率下降。而 RFS 机制可以确保数据包的分发和处理在同一 CPU 上，从而提高 CPU 缓存命中率，提升 CPU 处理效率。因此，在面临极端读流量、网络过度繁忙的情况时，设置网卡多队列并配合 RPS、RFS 机制，可以使 CPU 负载更加均衡，从而降低丢包风险。

2．网卡带宽的限制

目前主流服务器配置的网卡通常是千兆网卡，即 1000 Mbit/s 的网卡，换算一下，网卡传输数据的速率上限为 125 MB/s。假设缓存中存储的数据大小为 1 KB，那么要充分利用千兆网卡的理论带宽，需要的 QPS 是多少呢？大约是 125 MB/1 KB = 125 × 1024 = 128000 次。而这个 QPS 对于 Memcached 来说是比较容易达到的。因此，在极端读流量下，单机的网卡带宽也会成为瓶颈。

为了解决这个问题，可以采用多个缓存副本来应对大量请求，使用多个缓存副本的具体架构如图 3-4 所示。

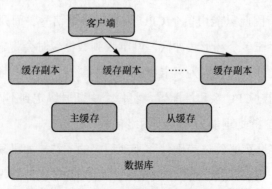

图 3-4 使用多个缓存副本的具体架构示意

在这个架构中，多个缓存副本节点位于最前端来承担客户端的请求，并且针对主缓存节点都部署了多个副本，其中以缓存通常会直接从主缓存中复制数据，以保证主从缓存的数据一致性。在有请求访问时，我们会从多个缓存副本节点中选择一个缓存副本节点来进行访问。如果命中，则直接返回数据；如果未命中，则从主缓存节点中读取数据。若主缓存节点命中，则将数据返回，同时将数据回写到之前选定的缓存副本节点中；若主缓存节点未命中，则继续访问从缓存节点。同理，如果从缓存节点命中，则返回数据，并将数据回写到主缓存节点和缓存副本中；否则继续访问数据库。从数据库读取数据后，将数据回写到缓存副本节点、主缓存节点和从缓存节点中。由于存在多个缓存副本节点，因此客户端发起的极端读流量会分摊到多个缓存副本节点上，从而解决了单机的网卡带宽瓶颈问题。

对于可用性而言，引入多个缓存副本节点后，大部分流量会被这些缓存副本节点处理。即使主缓存和从缓存中的某个节点出现了故障，导致命中率有所下降，也不会压垮后面的数据库服务。如果某个缓存副本节点发生故障，也不会带来太大问题，具体原因如下。

首先，缓存副本节点是可以横向扩展的。在需要时，开发人员可以启动额外的缓存节点作为缓存副本节点加入缓存系统中。刚开始时，新启动的缓存副本节点的命中率可能不高，流量会命中主缓存节点或从缓存节点，然后回写到新启动的缓存副本中。随着回写数据的增加，新启动的缓存副本节点的命中率也会逐渐提升，可以做到快速恢复。

其次，即使某个缓存副本节点宕机，底层的数据库服务也不会受到太大冲击，因为主缓存节点和从缓存节点仍然能够承担部分流量。因此，故障节点的影响范围相对较小。

最后，在实际部署中，为了节省成本，对于流量不是极端高的服务，可以考虑将主缓存和从缓存都作为缓存副本使用。这样，它们在平时能够承担一定的流量，在提升缓存可用性的同时也可以尽量降低成本。

3.3.3 极端写流量下缓存冗余的应对方法

缓存虽然通常适用于读多写少的场景，但在实际工作中，某些业务场景可能会产生大量的缓存写入操作。例如，在直播场景下，用户进入直播间时会触发一系列缓存写入操作，如更新直播间热度、播放量、在线用户量，以及给用户推送置顶信息和历史评论信息等。特别是在明星直播或热点事件直播时，在开播的一瞬间会有大量涌入直播间的流量，导致大量的缓存数据被写入。此外，直播间的开播时间并不总会提前通知，因此这种瞬时的高峰流量可能随时都会产生，系统需要具备快速横向扩展的能力，以支持突发的流量增长。

为了使系统具备这种能力，可以考虑在缓存节点之前增加一层请求合并层。在这一层中，对于同一个缓存节点的请求会进行合并，例如，如果在短时间内有多次针对同一缓存 key 的递增操作，那么请求合并层会将它们合并成一次递增操作。此外，如果在短时间内有多个针对同一缓存节点的操作，请求合并层会将它们转换成一个 pipeline 命令，从而减少对缓存节点的冲击。值得注意的是，请求合并层并不会长期存储数据，因此可以视为无状态的。由于其无状态的特性，请求合并层可以很容易地实现横向扩展。使用请求合并层的具体架构如图 3-5 所示。

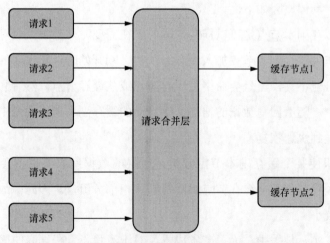

图 3-5   使用请求合并层的具体架构示意

需要特别说明的是，这个思路并不仅仅适用于大量的缓存写入操作，对于大量的数据库写入操作也可以采用这个思路来设计系统架构。例如，如果系统在短时间内对某个数据库有大量的写入请求，则可以在请求合并层将写入请求进行合并，如多个 insert 请求可以合并成一个 insert 语句、多个 update 请求可以合并成一个 update 语句等。请求合并层可以大大减少对依赖系统的 I/O 操作，对于对延迟要求不高的场景来说是非常适用的。

3.3.4 缓存数据一致性保证

互联网系统通常注重可用性高于数据一致性，存储系统也是如此，但并不是完全不注重数据一致性，毕竟数据的不一致会导致用户获取信息时出现错误。对于互联网系统常见的"数据库＋缓存"架构来说，在数据发生变更时通常并不要求缓存中的数据和数据库中的数据强一致，而是允许存在一定的数据不一致的时间区间，数据最终还是需要一致的。

本节在介绍如何保证缓存数据一致性之前，会先介绍几种标准的缓存使用方式，分别为缓存旁路、读穿写穿和回写，再演示这几种方式是否能够让数据库和缓存中的数据实现最终一致。

首先，介绍第一种缓存使用方式：缓存旁路，其过程如图 3-6 所示。该方式在更新数据（即图 3-6 中"读取操作"为"N"时）时，先更新数据库，然后删除缓存；在读取数据时，先查询缓存，如果缓存中存在数据则直接返回，否则查询数据库获取数据，并将数据回写到缓存。

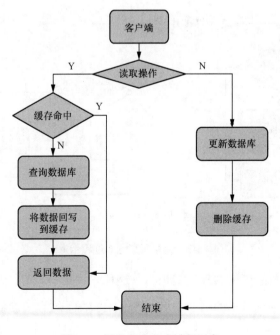

图 3-6　缓存旁路方式过程示意

缓存旁路是一种非常标准的缓存使用方式，非常适用于互联网系统中常见的"数据库 + 缓存"架构。这也是开发人员在设计系统时应首先考虑的一种方式。然而，该方式有一个缺点，即在更新数据库时需要删除缓存，这会导致一次缓存失效。尽管如此，在当前多为读多写少的业务模式下，这个缺点是可以接受的。

缓存旁路方式以数据库中的数据为准，更新时需要删除缓存，读取时则将数据库中的数据回写到缓存中。缓存只是作为一个辅助路径存在。

在缓存旁路方式下，无论是对数据的更新操作还是读取操作都是由客户端发起的，而在读穿写穿方式下，数据的读取和更新由缓存来处理，其过程如图3-7所示。该方式在读取数据时，首先尝试从缓存中读取，如果缓存命中则直接返回数据，否则缓存会从底层存储中加载数据并返回数据；在写入数据时，同样会先检查缓存是否命中，如果未命中则直接将数据写入底层存储，如果命中则更新缓存，并由缓存同步将数据写入底层存储。

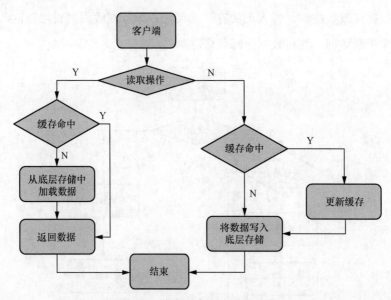

图 3-7   读穿写穿方式过程示意

然而，在"数据库 + 缓存"架构下，这种方式并不适用。因为大多数缓存都没有主动写入和读取数据的功能，这意味着无法保证缓存中的数据与底层存储中的数据保持一致。

　　缓存使用读穿写穿方式时，将数据写入底层存储的操作是同步的，这在高并发写入场景下会出现性能问题，而在使用回写方式时，数据的更新是异步进行的，该方式的过程如图 3-8 所示。在更新数据时，缓存会在内部标记缓存块为脏的，而不会立即更新底层存储。然后，线程会异步地将脏的缓存块中的数据更新到底层存储中，这种异步过程可以提供良好的写入性能。

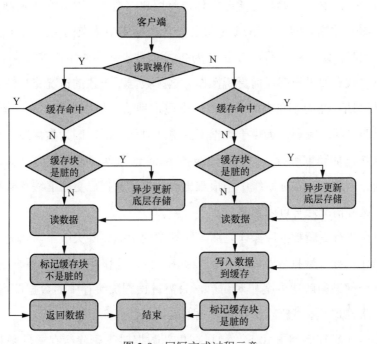

图 3-8　回写方式过程示意

　　这种方式在高并发写入场景下尤其适用，因为它避免了每次写入都需要同步更新底层存储，从而提高了写入性能。一个典型案例是文件系统的 PageCache 机制，当系统写入数据到磁盘时，首先会将数据写入 PageCache 中，然后通过进程或线程在固定的时间间隔或者脏的缓存块达到一定比例时将脏的缓存块中的数据异步写入磁盘中，这样就大大提高了文件系统的写入性能。

　　以上 3 种标准的缓存使用方式中，似乎只有缓存旁路方式比较适用于互联网系统中"数据库 + 缓存"架构，那么缓存旁路方式可以保证数据的一致性吗？

　　为了便于说明，假设存在一个名为 tb_user 的数据表，其中存储了社区系统的所有用户数据，该表包含 3 个字段：ID、name（名字）和 age（年龄）。在数据库前面部署了一个 Memcached 节点作为缓存，用于加速对用户数据的访问。缓存的 key 为用户 ID，值则为该用户的全部信息，采用 JSON 作为数据序列化的方式。其中，有一个用户 X 的 ID 为 1，年龄为 20 岁。

假设有一个请求 A，先从缓存查询用户 X 的数据。但是此时缓存中的数据已过期，缓存未命中。因此，请求 A 需要从数据库中读取用户 X 的数据。与此同时，另一个请求 B 开始执行更新操作，将用户 X 在数据库中的年龄更新为 21，并清除了缓存数据。随后，请求 A 将之前从数据库中读取的用户 X 数据更新到缓存中。此时，缓存中的用户 X 年龄为 20，而数据库中的用户 X 年龄为 21，两者数据不一致。如果没有任何更新操作，这种数据不一致的情况将持续存在直到缓存数据过期。然而，在实际系统中，出现这种情况的概率并不高。原因在于，缓存的更新时间间隔要远远短于数据库的更新时间间隔。因为数据库的更新涉及一系列操作，如获取行锁、写入 binlog 和 redo 日志等。而缓存的更新只需写入内存数据。因此，在实际系统中，很难出现数据库数据已更新但缓存数据未更新的情况，这种情况通常可以忽略。

如果在执行更新数据库操作之后，缓存中的数据删除失败了，将无法执行数据回写操作，导致数据库和缓存中的数据在很长一段时间内处于不一致的状态。然而，这个问题的解决方案相对简单，只需重试删除缓存中的数据即可。因此，在缓存旁路方式下重试删除缓存中的数据应该能够保证数据的一致性。

那么，在缓存旁路方式下，如果在更新数据时先删除缓存中的数据，再更新数据库，能否保证数据一致性呢？考虑一个场景，如图 3-9 所示。首先请求 A 执行更新操作，删除了用户 X 的缓存中的数据，然后请求 B 执行读取操作，先查询缓存，未命中后从数据库中获取用户 X 的年龄为 20，并将其设置到缓存中。此时请求 A 才开始更新数据库，将用户 X 的年龄更新为 21。这时，数据库中的用户 X 的年龄为 21，而缓存中的用户 X 的年龄仍然为 20，二者数据不一致。

除此以外还存在另一个类似的场景，如图 3-10 所示。假设客户端需要在更新了用户 X 的年龄后立即读取该数据。客户端首先删除缓存中的数据，然后将数据库中用户 X 的年龄更新为 21。接着，立即尝试读取用户 X 的年龄，发现缓存为空，于是从数据库中读取。由于数据库采用了主从分离，主库和从库之间存在同步延迟，因此数据库从库中用户 X 的年龄仍然是 20，读取的数据仍然会回写到缓存中，年龄仍然是 20。随着主从复制完成，数据库从库中的用户 X 的年龄变为与数据库主库中一致的 21。这就导致了数据库和缓存中的数据不一致的问题。

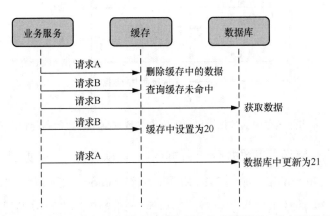

图 3-9 先删除缓存中的数据再更新数据库导致数据不一致问题的示意

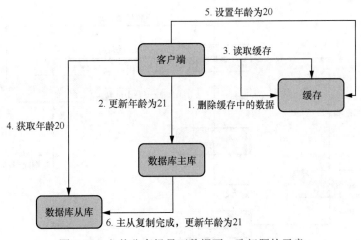

图 3-10 主从分离场景下数据不一致问题的示意

以上两个场景的数据不一致问题的解决方案非常相似，都是在获取更新的 binlog 后再次删除缓存中的数据。例如，针对先删除缓存中的数据再更新数据库导致的数据不一致的问题，业务服务在接收到数据库中存在将年龄更新为 21 的操作时，再次删除缓存中的数据。这样，数据库和缓存中的数据再次变得一致，如图 3-11 所示。

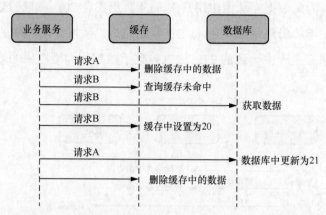

图 3-11   先删除缓存中的数据再更新数据库导致数据不一致问题的解决方案示意

针对主从分离场景下数据不一致的问题，可以启动一个数据同步服务，从数据库从库中同步 binlog，如图 3-12 所示。通过 binlog 中的内容，我们可以知道数据库哪个表中的数据发生了更新，然后执行删除相应缓存中的数据的操作，以强制使数据库和缓存中的数据变得一致。

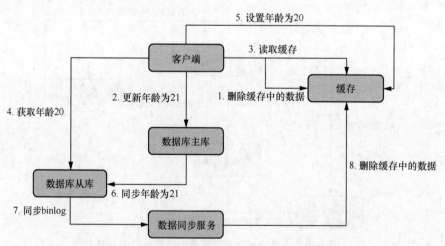

图 3-12   主从分离场景下数据不一致问题的解决方案示意

在更新数据时不删除缓存中的数据而是更新缓存中的数据可能会引发并发更新覆盖问题。例如，请求 A 先将数据库中的年龄更新为 21，请求 B 再将数据库中的年龄更新为 22。然后，请求 B 先将缓存中的年龄更新为 22，请求 A 再将缓存中的年龄更新为 21，导致数据库和缓存中的数据不一致。

针对这个问题，可以考虑的一种解决方案是为每一个缓存数据增加一个版本号信息。这个版本号信息在数据被更新到数据库时生成，并与业务数据一起写入缓存，它是一个随时间单调递增的数字。在更新缓存时，更新请求中会携带新生成的版本号信息。在实际进行更新操作之前，会先获取当前缓存中的版本号信息。如果请求中的版本号小于缓存中的版本号，说明缓存中的数据比请求中的数据更新，请求已经过时，此时不会进行更新缓存中的数据操作。反之，如果请求中的版本号大于等于缓存中的版本号，就会将数据更新到缓存中。这种方案也可以保证数据库和缓存中的数据的一致性。

然而，这种方案的实现复杂度较高，需要对业务进行比较大的改造。此外，还需要在每个缓存中都写入一个版本号，这会占用一定的缓存空间，从成本上考虑其可行性并不高。

3.3.5　缓存不命中的应对方式

在业务中，使用缓存时最重要的指标之一就是缓存的命中率，即命中缓存的操作数量占总操作数量的比例。这个指标很大程度上反映了缓存的使用效率，并且能够揭示系统中存在的一些问题。因此，在系统的运维过程中，提升缓存的命中率是提升系统性能的主要手段之一。

造成缓存不命中的主要原因之一是缓存空间不足。然而，有时候空间不足并不是因为缓存已经满了。这看起来有些矛盾，但我曾经排查过这样一个故障案例。在这个案例中，系统使用 Memcached 作为缓存，但从上线之初缓存的命中率就只有约 20%，而缓存的空间却只使用了约 60%。尽管如此，在数据写入缓存时却发生了数据被缓存剔除的情况。经过排查发现，发生这种情况与 Memcached 存储数据的方式有很大关系。

Memcached 的结构如图 3-13 所示。Memcached 的内存分配方式是以页（page）为单位的，默认情况下，一个 page 的大小是 1 MB。每个 page 会被拆分为多个块（chunk），而 chunk 的大小是固定的。同样大小的 chunk 归属于同一个 slab。如果一个 chunk 的大小是 88B，那么一个 page 可以存储约 $1024 \times 1024/88 \approx 11916$ 个数据。当需要存储缓存数据时，Memcached 会查找最合适的 chunk。例如，如果缓存中存在一个大小为 88 B 的 chunk 和一个大小为 112 B 的 chunk，而需要存储 100 B 的缓存数据，那么这个数据会存入大小为 112 B 的 chunk 中。这种方式会导致一些缓存空间的浪费，但是它能够保证较高的缓存管理和分配的效率。

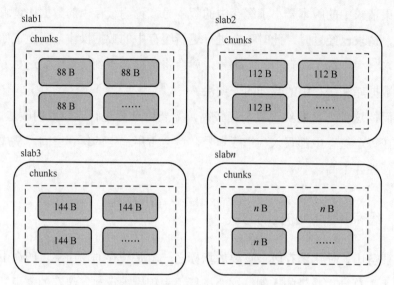

图 3-13　Memcached 的结构示意

在上述案例中，我发现某个 slab 下的 chunk 被大量使用，而其他 slab 下的 chunk 却很少被使用。而在 Memcached 进行缓存数据剔除时，它只会在某个 slab 下剔除数据，而不会剔除其他 slab 下的数据，这就会导致某个 slab 下的数据被大量剔除，而其他 slab 则没有被充分利用，这个问题被称为 slab 钙化问题。解决这个问题的方式相对简单，短期内可以通过重启 Memcached 来重新分配 slab；而从长远来看，可以考虑将不同大小的缓存数据存储在同一个 Memcached 节点上，以尽可能充分利用不同大小的 slab。

缓存穿透是导致缓存不命中的另一个主要原因。它主要发生在查询并不存在的数据的情况下，由于数据既不在缓存中也不在数据库中，因此每次查询都会导致缓存不命中。这种情况对于系统性能有着显著的不利影响。

解决缓存穿透问题的策略主要有两种——缓存空值和引入布隆过滤器。

首先介绍缓存空值。我曾维护过一个用户系统，其中的用户认证数据是单独存储在缓存中的。然而，由于只有少数用户拥有认证数据，导致大部分用户在查询认证数据时都会直接穿透到数据库，进而引发缓存穿透问题。为了优化这一问题，我采取了将空值写入缓存的策略（缓存空值策略）。这样，当后续的请求再次查询这些不存在的认证数据时，就可以直接从缓存中获取空值，从而避免了不必要的数据库查询。这种策略之所以有效，是因为缓存的数量是可以控制的，缓存空值所占用的空间也是可以接受的。

如果遇到恶意的大量请求查询不存在的用户认证数据的情况，使用单纯的缓存空值策略可能导致缓存空间被大量无效数据占用，从而变得不可控。此时，可以考虑引入布隆过滤器来应对这一情况。

布隆过滤器是由伯顿·霍华德·布隆（Burton Howard Bloom）在 1970 年提出的算法，主要用于快速判断一个元素是否存在于一个集合中。其核心思想是利用二进制数组和多个哈希算法共同工作。当需要将一个元素加入集合时，会根据多个哈希算法计算出该元素的多个哈希值，并将这些哈希值对应的数组位置标记为 1。而当需要判断一个元素是否存在于集合中时，只需要检查该元素的多个哈希值对应的数组位置是否都为 1 即可。

当然，无论使用何种哈希算法，都会有一定的碰撞概率。所谓碰撞，指的是不同的元素经过同一个哈希算法计算后得出了相同的哈希值。因此，布隆过滤器也存在误报的可能性，即误将不存在的元素判断为存在于集合中。但好消息是，如果布隆过滤器判断某个元素不存在于集合中，那么这个判断是准确无误的。

在实际应用中，带有布隆过滤器的请求流程如图 3-14 所示，大量的请求会先经过布隆过滤器。如果布隆过滤器判断认证信息不存在，则直接返回认证信息不存在的提示；反之，则有两种可能，要么认证信息确实存在，要么布隆过滤器误报。这时，需要进一步查询认证信息是否在缓存中。如果存在，则直接返回认证信息；否则，查询数据库。如果数据库中也不存在认证信息，则直接返回认证信息不存在的提示；如果存在，则将查询到的认证信息回写到缓存中，并返回认证信息。

在这个流程中，布隆过滤器可以预先过滤大量不存在的用户认证请求，有效地保护了系统免受缓存穿透的影响。这样既提高了系统的效率，又减轻了后端数据库的压力。

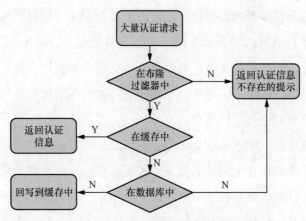

图 3-14   带有布隆过滤器的请求流程示意

除了缓存穿透，导致缓存不命中的另一个主要原因是缓存击穿。缓存击穿指的是在高并发大流量下，如果某个热点缓存失效了，会导致大量请求瞬时穿透到数据库，从而使数据库负载剧增，这种情况又被称为狗桩效应（dog pile effect）。例如在"秒杀"场景下，访问被"秒杀"商品的请求量级是非常高的，一旦此商品的缓存失效，则会导致大量的请求到达商品数据库，可能会瞬间将商品数据库压垮。解决这个问题的方法相对简单，只需要控制请求数据的并发访问量，例如可以通过分布式锁来限制只有一定数量的线程可以在缓存失效时访问数据库。对于未获取到锁的线程，可以直接返回错误信息，因为从数据库中获取数据并写入缓存是非常快速的，完成时间通常在毫秒级别，所以错误信息返回的时间是可以接受的。

缓存未命中对系统性能的影响很大，在实际工作中需要重点关注，并及时采取措施以尽量提高缓存的命中率。

3.4   CDN冗余

在过去的 10 多年中，云服务的发展非常迅速。公有云提供了相对便宜的存储和计算资源，"云原生"成了近年来最受关注的概念之一。云原生的核心理念是一种基于云计算的软件开发和部署方法论，该方法论强调应用程序在云环境下，利用云服务提供的廉价存储和计算资源实现高可用、高性能和可扩展的服

务。然而，如果无法有效地利用云服务，可能带来一些问题，上传系统就是其中
的一个典型案例。

3.4.1 上传系统之殇

上传系统通常采用公有云的对象存储服务作为文件的最终存储解决方案。在
传统的解决方案中，客户端会持有对象存储服务的 access key 和 secret key，按照
对象存储服务的上传 API 进行文件上传，并通过对象存储服务提供的外网域名进
行文件访问。然而，这种方案存在如下两个显著的问题。

首先，发起文件上传的客户端，如手机 App 或浏览器，若保存 access key
和 secret key，则会使这些密钥极易被恶意用户获取。一旦这些密钥泄露，恶
意用户就可能上传无关文件，甚至违法违规的文件，给系统带来严重的安全
风险。

其次，这种方案将业务系统与特定的对象存储服务紧密绑定，缺乏灵活性。
这会导致迁移对象存储服务中的数据或对象存储服务出现故障需要切换至另一个
云的对象存储服务上时，面临极大的不便和挑战。

为了解决这些问题，一个更加完善的上传系统解决方案应运而生，如图 3-15
所示。在这个方案中，用户在上传文件时，首先会向一个上传策略服务发起请
求。这个上传策略服务负责管理对象存储服务的 access key 和 secret key，并根据
对象存储服务提供的文档，为用户生成一个临时授权统一资源定位符（uniform
resource locator，URL）。这个 URL 的授权时间是可配置的，其通常会被设置为
较短的时间，如 1 min，以降低因 URL 泄露带来的安全风险。

客户端在获得这个临时授权 URL 后，就可以将文件上传到公有云的对象存
储服务中。为了增强系统的灾备能力，客户端可以同时将文件上传至两个不同的
公有云的对象存储服务。此外，临时授权 URL 中还包含一个回调地址。当文件
上传成功后，对象存储服务会主动回调一个回调服务，以便后续进行异步的人工
审核、图片机器审核、转码等操作。

用户在访问上传后的文件时，并不会直接通过对象存储服务提供的外网域名
进行访问，而是使用一个统一的访问域名。这种设计使系统更为灵活和可控。在

图 3-15 中，当上传系统以公有云 1 的对象存储服务为主要存储平台时，访问域名会通过 CNAME 解析到公有云 1 的对象存储服务提供的外网域名上。这样，用户可以通过这个统一的访问域名来访问存储在公有云 1 的对象存储服务中的文件。

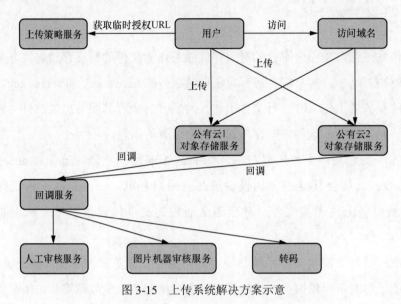

图 3-15   上传系统解决方案示意

为了应对可能出现的风险和问题，上传系统设计了灾备机制。当公有云 1 的对象存储服务发生故障或出现问题时，系统管理员可以迅速更改 CNAME 记录，将访问域名指向公有云 2 的对象存储服务提供的外网域名。这样，用户依然可以通过相同的访问域名来访问文件，而无须修改任何设置或了解底层存储的变更。

为了确保两个公有云的对象存储服务之间的数据一致性，上传系统采用了对账机制。在每次文件上传成功后，系统会生成一份上传成功记录。每天凌晨，系统会自动对上传成功记录进行对账，检查是否有上传失败的记录。对于上传失败的记录，上传系统会启动重试机制，尝试重新上传文件，以确保文件在两个公有云的对象存储服务中都存在。

这种上传系统解决方案不仅提升了系统的安全性，还实现了存储内容的冗余灾备，从而大大提高了系统的可用性和稳定性。通过统一的访问域名和灵活的 CNAME 解析，系统可以轻松应对各种突发情况，确保用户能够稳定、安全地访问上传的文件。

3.4.2 CDN冗余和调度

文件被上传到对象存储服务后，为提升用户访问速度，CDN 的应用变得至关重要。

CDN 主要负责实现以下两方面的功能，在整个互联网体系中发挥着举足轻重的作用。

首先，CDN 负责实现对静态资源的访问进行加速。对于图片、视频、串联样式表（cascading style sheets，CSS）文件和 JavaScript 文件等静态资源，CDN 能将其部署在离用户更近的边缘节点上。当用户访问这些资源时，由于资源靠近用户，访问速度自然加快，这本质上起到了缓存的作用。在直播和短视频风靡的今天，用户对直播和短视频的播放流畅度的要求日益提高，CDN 在这方面发挥着核心作用。

其次，CDN 负责实现对服务端接口数据的请求进行动态加速。原本，用户在请求服务端接口数据时，是直接通过公网与源站建立连接的，但由于公网的不稳定性和路由选择的问题，这种直连方式可能并不高效。而 CDN 的动态加速机制则让用户先连接边缘节点，相较直接连接源站，连接离用户更近的边缘节点不仅成功率更高，性能也更佳。CDN 内部还进行了一系列的路由优化和网络优化，降低了数据从边缘节点到源站的传输延迟，从而显著提升了用户请求服务端接口数据的性能。

在使用 CDN 服务时，实际上是非常依赖域名服务（domain name service，DNS）的。以缓存图片为例，假设图片服务的源站地址为 http://www.tamngpic.com，用户要访问的图片路径为 www.tamngpic.com/1.jpg。当开发人员决定使用 UCloud 的 CDN 服务加快此图片服务的图片访问速度时，需要在 UCloud 上申请一个 CDN 域名，这个域名可能类似于 "80f21f91.cdn.ucloud.com.cn"。接下来，用户需要将这个 CDN 域名的解析地址配置为源站地址。

完成上述步骤后，开发人员还需申请一个访问域名，如 "img.example.com"。关键的一步是将这个访问域名的解析地址修改为之前申请的 CDN 域名。这样，当用户访问 "img.example.com/i.jpg" 时，DNS 会将请求解析到 CDN 域名，进而就可以使用 UCloud 的 CDN 服务进行加速了。

DNS 的解析过程相当复杂，涉及多级域名服务器的交互，包括根域名服务器、权威域名服务器和 Local DNS 等，其中尤为关键的是 Local DNS。Local DNS 通常由网络提供商分配给用户或由公共组织提供，它并不直接进行域名解析，而是主要缓存根域名服务器的解析结果。当缓存数据失效时，用户的域名解析请求会从根域名服务器开始逐层重新解析，随后在 Local DNS 中更新缓存。

尽管这一机制的设计初衷是减少网络延迟和提高效率，Local DNS 却在实际应用中引发了一系列问题。一些不良运营商为了利益可能会劫持用户的域名解析请求，将其重定向到钓鱼或广告网站，这种行为被称为域名劫持。此外，某些 Local DNS 可能将域名解析请求转发给其他运营商的 DNS，导致权威域名服务器误判请求来源，进而导致用户流量被错误地导向其他互联网数据中心（internet data center，IDC），造成访问速度下降，这种现象称为流量跨网。

Local DNS 本身的稳定性也是不容忽视的。在流量高峰期或网络不稳定时，对 Local DNS 的访问可能失败，进而导致 DNS 解析失败，给用户带来极大的不便。因此，尽管 Local DNS 在 DNS 解析过程中扮演着重要角色，但其引发的各种问题使其成了 DNS 解析过程中的隐患之一。

对于解决 Local DNS 引发的问题，业界普遍采用的一个有效方案是引入 HttpDNS。HttpDNS 的原理相对简单，它使用普通的 HTTP 替代了传统的 DNS 协议。具体来说，当 HttpDNS 接收到传入的域名和用户 IP 地址后，它会根据这些信息来决定给用户返回哪个解析地址。

由于 HttpDNS 采用了 HTTP 而非 DNS 协议，并有一套自己的域名到 IP 地址的映射机制和查询处理逻辑因此能够绕过 Local DNS，从而避免了可能引发的域名劫持和流量跨网等问题。为了确保 HttpDNS 的稳定性和可靠性，通常建议通过 IP 地址而不是域名来访问 HttpDNS，这样也能进一步防止 Local DNS 对 HttpDNS 造成潜在影响。

虽然 HttpDNS 能有效解决 Local DNS 引发的问题，但其自身的稳定性同样至关重要。毕竟，域名解析是网络调用的重要环节，必须确保其具备极高的稳定性。

我所在团队曾实施了一套更全面的解决方案。其核心组件是一个 DNS 访问 SDK，其架构如图 3-16 所示。利用这个 SDK，开发人员可以通过代码或服务端指令指定域名，并在 SDK 启动时预先异步解析这些域名，将结果存储于 SDK 本地的最近最少使用（least recently used，LRU）缓存中。为确保 LRU 缓存中的地址与实际解析地址一致，SDK 内还设有定时线程，用于定期更新缓存内容。当本地网络环境发生变化时，缓存会被清空，以确保数据的准确性。

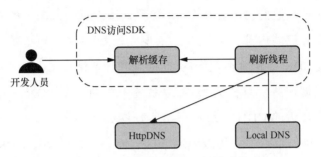

图 3-16   DNS 访问 SDK 架构示意

异步解析策略灵活多样，既可选择通过 Local DNS 解析，也可选择通过 HttpDNS 解析。这一策略的选择由服务端决定。例如，可以统一使用 Local DNS 进行解析，但如果解析失败或结果不符合预期，则自动切换至 HttpDNS。当然，也可以针对特定域名优先使用 HttpDNS 进行解析。

此外，SDK 还具备容错机制。在使用 HttpDNS 进行解析时，SDK 会对解析出的 IP 地址进行健康检查。一旦发现不合格 IP 地址，SDK 便会标记该 IP 地址对应的域名为 HttpDNS 解析错误。若某域名多次被标记为 HttpDNS 解析错误，SDK 会将其降级为使用 Local DNS 进行解析。

经过上述改造后，我所在的团队在实际场景中对这套解决方案进行了测试。结果显示，DNS 解析的平均耗时减少了约 50%，最大耗时控制在 200 ms 以内。相较之下，传统的 Local DNS 解析最大耗时通常超过 1 s。同时，在测试时段内，基本上未出现 DNS 解析异常的情况，系统可用性得到显著改善。

在解决了 DNS 解析的可用性问题之后，接下来要关注如何提升 CDN 服务的可用性。1.4.1 节提到，业务核心链路上的系统一般会将可用性指标设定为 99.99%。然而，业界主要的 CDN 服务提供商，如阿里云、京东云等，对于 CDN 服务可用性的承诺通常是 99.9%，这显然不符合核心链路上的系统对 CDN 服务的可用性要求。因此，开发人员通常会为核心链路上的系统选择多个 CDN 服务作为备份。当某个 CDN 服务在某个地区的边缘节点出现故障时，系统可以自动切换到备用 CDN 服务以恢复服务。这个自动化的过程需要通过监控 CDN 边缘节点质量来实现，因此需要建立一个 CDN 调度系统。

CDN 调度系统的原理如图 3-17 所示，运维人员可以在 DNS 管理系统为每个地区的每个域名配置多个 DNS 解析的地址，每个地址对应一家 CDN 服务提供商。同时，他们也可以在 DNS 管理系统为每个域名下的每个地址配置一个权重。在客户端内部，会植入一个视频调度 SDK。当需要获取地址信息时，视频调度 SDK 会带着客户端的 IP 地址和域名请求 CDN 调度系统。CDN 调度系统会根据这些信息在 DNS 管理系统中找到多个 CDN 地址，然后根据权重选择一个合适的 CDN 地址返回给客户端。如果客户端在使用 CDN 地址时遇到故障，例如节点不可用或返回 502 状态码，视频调度 SDK 会将这种情况报告给 CDN 调度系统。如果 CDN 调度系统在一段时间内接收到使用某个 CDN 地址时遇到故障的情况报告的数量超过一定的阈值，例如超过 10%，就会降低该 CDN 地址的权重，以实现根据 CDN 边缘节点质量动态调整 CDN 地址的权重。

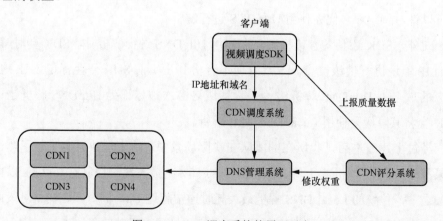

图 3-17   CDN 调度系统的原理示意

在搭建了 CDN 调度系统之后，开发人员可以动态调整视频地址，进一步通过转码系统下发多码率视频地址以降低 CDN 的成本，其原理如图 3-18 所示。当用户上传一个视频时，转码系统会异步地对该视频进行转码。默认情况下，视频会被转码成 H264 编码的视频，而对于一些热门视频，系统也可能会选择将其转码成 H265 编码的视频以进一步压缩视频。转码系统会将转码后的视频地址存储在 CDN 调度系统中，并与原始的视频地址关联起来。这样，当客户端通过视频调度 SDK 请求 CDN 地址时，CDN 调度系统会将所有可播放的视频地址返回给视频调度 SDK，视频调度 SDK 可以自由选择使用哪一个视频地址来播放视频。默认的策略是，若存在 H265 编码的视频地址，则播放 H265 编码的视频；如果没有，则播放 H264 编码的视频；如果以上转码后的多码率视频地址都不存在，则返回源视频地址。当然，如果播放 H265 编码的视频时出现错误，视频调度 SDK 会降级使用 H264 编码的视频地址来播放视频，以确保视频播放的成功率。

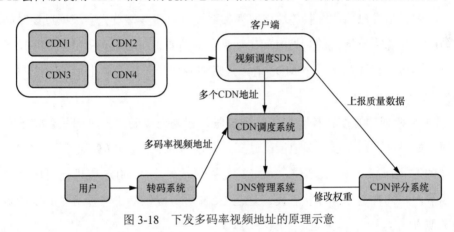

图 3-18   下发多码率视频地址的原理示意

3.4.3   视频防盗链的实现方式

在使用 CDN 时，除了面临 CDN 可用性问题，另一个常见的问题是 CDN 流量盗刷。我之前在一个项目中就遇到过 CDN 流量盗刷问题。

当时，我在维护一个短视频服务，突然收到 CDN 服务提供商售后同事的电话，称系统上个月的 CDN 成本超过了百万元，而之前每个月的 CDN 成本只有几万元。我立即前往该 CDN 服务提供商的后台查看 CDN 的带宽情况，发现 CDN 的带宽确实增长了数倍。我随后查看了该 CDN 服务提供商后台中流量最高的几个 URL，结果发现这些 URL 并非业务正常生成的。通过部分 URL 的 Referer，可以确定这些流量都来自站外，导致这种情况的原因应该是某个用户在站内上传视频后，将视频地址放在其他网站上进行视频播放。然而，这种行为对我的业务带来了严重危害，除了极高的 CDN 成本，如果用户上传的视频涉及版权等相关问题，还可能给公司带来法律风险。因此，我决定实现视频防盗链功能。

常见的视频防盗链功能的实现方式有通过 Referer 来鉴别访问请求的来源和通过计算时间戳这两种。

通过 Referer 来鉴别访问请求的来源，用于判断视频是否可以被播放。但由于 Referer 很容易被伪造，因此这种方式很少被使用，通常只是在出现 CDN 流量盗刷问题后作为一个临时解决方案使用。

在通过计算时间戳的实现方式中，服务端首先会分配一个 key 和视频地址的过期时间。当客户端请求服务端获取视频地址时，服务端首先会根据过期时间和当前时间计算视频地址的到期时间，随后会对到期时间、key 和视频的路径进行字符串连接，再计算出一个 MD5 值，最后在视频地址的参数上附加这个到期时间和 MD5 值。

CDN 或视频源站在校验视频防盗链时，首先会校验当前时间是否晚于到期时间。如果是，则表示视频地址已过期，直接返回 403 状态码。然后，它们会以同样的方式计算一个 MD5 值，并将其与视频地址中的 MD5 值进行对比。如果不相等，则同样返回 403 状态码。这是 CDN 服务提供商中一种常见的视频防盗链实现方式。

对于正常的请求来说，每次获取视频地址时都会重新计算到期时间和 MD5 值，因此不会出现视频地址过期的情况。而在出现 CDN 流量盗刷问题后，即将一个之前生成的视频地址拿到外站播放相应视频后，这个视频就只能在过期时间内播放。

使用视频防盗链后会引发一个问题，即已经在上线视频防盗链功能之前被业务分享到外站上的视频地址不会带有防盗链参数，因此这些视频地址在上线视频防盗链后会失效，这显然不符合业务要求。解决这个问题的方案相对简单，其过程如图 3-19 所示。首先，在 CDN 上增加一个配置，对于来自外站的不带有防盗链参数的播放视频请求进行一次 302 重定向，将其重定向到一个业务系统，可将该系统称为 302 系统。302 系统首先会校验请求的 Referer 是否在黑名单中。如果在黑名单中，则直接拒绝请求，返回 403 状态码。如果不在黑名单中，则会获取视频状态。如果视频已被删除，则直接返回 404 状态码，标记视频不存在。如果未被删除（即视频状态校验通过），则系统会重新生成一个视频地址，并将请求 302 重定向到这个新的防盗链地址。如果发现某些分享视频的流量异常，只需要在业务系统中将该视频删除，这样就无法通过 302 系统中的视频状态校验，从而避免了 CDN 流量盗刷问题。

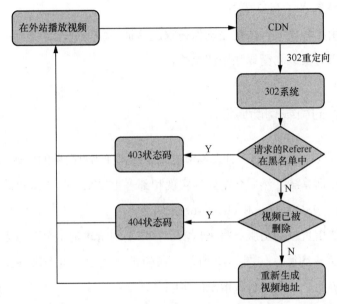

图 3-19　分享到外站的视频地址无视频防盗链参数的解决方案过程示意

3.5　服务器冗余

相比存储资源冗余，计算资源冗余更常见，实现起来更为容易。基本的实现思路是在计算资源之前增加一层代理，经过这层代理的流量会被平均地分配到多个服务器节点上。这样，就能够通过部署多个服务器节点来应对更高的流量，并且在某个服务器节点发生故障时，代理可以将其排除，从而实现高可用。这个代理称为负载均衡服务。

常见的开源负载均衡服务有很多，例如 Nginx、Linux 虚拟服务器（Linux virtual server，LVS）等。事实上，能够将请求分发到多个服务器节点上的组件都可以被认为具有负载均衡功能。在微服务架构中，将负载均衡服务嵌入微服务客户端中是一种常见的做法。因此，负载均衡服务的模式主要有如下两种。

- 代理模式：所有前端的流量都会经过负载均衡服务。例如，广为人知的 Nginx、LVS 等 4 层和 7 层的代理就属于这种模式。
- 客户端模式：微服务架构中通常采用这种模式。在这种模式下，负载均衡服务嵌入了客户端中。

无论采用哪种模式，关键是确保请求能够被平均地分配到不同的服务器节点上，而这一点与负载均衡算法密切相关。

3.5.1   常见的负载均衡算法

常见的负载均衡算法有多种，本节将先介绍两种相对简单的负载均衡算法——随机算法和轮询算法，然后介绍如何实现和部署更复杂的加入最短队列（join the shortest queue，JSQ）算法和 choice-of-2 算法。

随机算法指负载均衡服务将来自多个客户端的请求随机分配给多个服务器节点，以实现负载均衡，如图 3-20 所示。在随机算法中，每个服务器节点被选中的概率是相等的，不受其负载情况的影响。

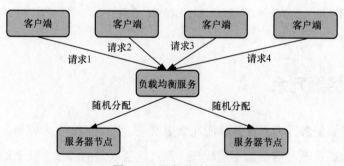

图 3-20   随机算法示意

而轮询算法指负载均衡服务将来自多个客户端的请求依次分配给后端的服务器节点。具体而言，每当有新的请求到来时，负载均衡服务会按照预先设定的顺序逐个选择服务器节点，直到所有服务器节点都被选择过一次，再从头开始循环选择，如图 3-21 所示。这样可以保证请求被平均地分配到各个服务器节点上，实现负载均衡。

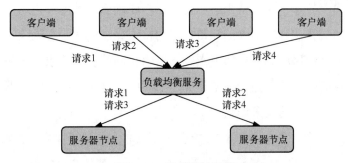

图 3-21 轮询算法示意

随机算法和轮询算法的优点在于实现起来简单，且易于理解和部署。然而，在实际应用中，开发人员有时候需要考虑不同服务器节点配置的差异性。在所有服务器节点的配置相似的假设下，这两种算法能够使每个服务器节点的负载相对均衡。但是，如果某个服务器节点的配置远高于其他服务器节点的配置，使用随机算法或轮询算法可能会导致该高配置服务器节点的资源利用率较低，造成资源浪费的情况。

为了应对这种情况，可以在负载均衡服务上采用带有权重的轮询算法。该算法通过为高配置服务器节点配置较高的权重，可以更充分地利用其资源。此外，如果业务架构中采用了同城双活的部署方式，并将其中一个机房作为主机房，使其拥有更多的服务器节点资源，那么可以在负载均衡服务上进行流量分配，使主机房承担更多的流量，从而更合理地利用资源。当从机房的服务器节点资源不足以应对流量突增时，开发人员还可以通过调整权重来确保主机房能够处理更多的流量。

在某些场景下，负载均衡服务需要根据请求的某种特征将其路由到特定的服务器节点上进行处理。在这种情况下，使用随机算法、轮询算法或带有权重的轮询算法可能无法满足需求。为解决这一问题，常见的负载均衡服务提供了一些特殊的负载均衡算法。

例如，Nginx 提供了按照 IP 地址进行哈希值计算和按照 URL 进行哈希值计算的算法，而 LVS 则提供了按照请求的源地址和目的地址进行哈希值计算的算法。这些算法旨在根据请求的特定特征，将请求路由到特定的服务器节点上，以满足特定的业务需求。

负载均衡服务除了实现请求的分发，还需要确保服务器节点的负载尽可能均衡。然而，随机算法、轮询算法和带权重的轮询算法存在一定缺陷，因为它们的设计出发点都是确保所有服务器节点能够接收相同数量的请求。这些算法假设所有服务器节点的配置和承担的请求量都是相似的，从而导致无法根据服务器节点的负载情况进行动态的流量调整。

在实际运行中，服务器节点可能会出现性能衰减，例如某次数据库查询卡顿、服务器节点负载过高导致请求处理时间延长，或者 JVM 即时编译引起系统负载暂时升高。在这些情况下，使用随机算法、轮询算法和带权重的轮询算法都无法根据服务器节点的负载情况进行动态的流量调整。

这时可以选择 JSQ 算法。该算法的核心思想是，负载均衡服务和每个服务器节点之间都有一个请求处理队列（其中存放的是正在处理的连接），当服务器节点处理速度较快时队列长度较短，反之则较长，如图 3-22 所示。负载均衡服务记录的队列长度实际上代表了正在处理的连接数。负载均衡服务更倾向于将请求发送到正在处理的连接数较少的服务器节点上，因为这表示该服务器节点的请求处理队列较短，当前有更强的处理能力。

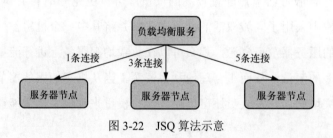

图 3-22   JSQ 算法示意

JSQ 算法能够近似地让多个服务器节点负载趋于均衡，但它存在一个问题：它缺乏全局视角。负载均衡服务都是独立操作的，只关注其所看到的每个服务器节点的负载情况。因此，可能会出现两个负载均衡服务看到的情况不一致的现象，例如一个负载均衡服务看到某个服务器节点比较空闲，而另一个负载均衡服务则看到这个服务器节点已经接近满载。

为了解决这个问题，可以考虑增加服务器节点的指标，如 CPU 使用率等，因为服务器节点自身最了解自己的情况。服务器节点可以在每次响应请求时将其负载信息包含在响应信息中，这样随着请求量的增加，负载均衡服务就能够更实时地获取服务器节点的负载状态。

另外，解决这个问题还需要结合一段时间内的负载均衡服务请求此服务器节点的成功次数和延迟情况，在此过程中，可以考虑结合使用指数加权移动平均（exponentially weighted moving average，EWMA）法和牛顿冷却定律（Newton's cooling law）。使用 EWMA 法的原因是，它可以不存储过去时间段内所有的值，只存储最近计算出来的 EWMA 值，这样可以大大减少存储量。它的计算方式如式（3.1）所示：

$$EWMAvalue = oldEWMAvalue \times w + value \times (1 - w) \tag{3.1}$$

式中，oldEWMAvalue 是上一次请求时计算的 EWMA 值，value 是当次请求值，w 是权重。为了提升最近请求的 w，使用牛顿冷却定律来计算 w，它的计算方式如式（3.2）所示：

$$w = e^{-k \times \Delta t} \tag{3.2}$$

式中，k 是一个常数，调整它可以控制 w 对于时间间隔变化的敏感程度；Δt 指的是当次请求和上次请求的时间间隔，这个值越大，代表当次请求和上次请求的时间间隔越长，计算得到的 w 值就越小。将 w 代入式（3.1），可以得出 oldEWMAvalue 的权重越小，value 的权重越大。这是符合预期的。

有了服务器节点的 CPU 使用率、正在处理的连接数，以及使用 EWMA 法计算出来的延迟和请求成功次数，就可以使用式（3.3）计算当前服务器节点的动态负载了。

$$服务器节点的动态负载 = \frac{server\_cpu \times (\sqrt{latency} + 1) \times inflight}{client\_success \times weight} \tag{3.3}$$

式（3.3）中，server_cpu 代表服务器节点的 CPU 使用率，latency 是延迟的 EWMA 值，inflight 代表正在处理的连接数，client_success 代表负载均衡服务请求此服务器节点成功次数的 EWMA 值，weight 是此服务器节点的静态权重值。式（3.3）计算得到的服务器节点的动态负载的数值越大，代表此服务器节点的动态负载越高，要尽量控制负载均衡服务少发请求到这个节点上。

但是，这里存在一个问题，通常在一个服务集群中会有上百个甚至更多的服务器节点，如果负载均衡服务每次分配请求的时候都要计算所有服务器节点的动态负载，则会使负载均衡服务本身的 CPU 消耗巨大。为了避免这种情况，可以使用 choice-of-2 算法，每次只随机选择两个服务器节点并计算和比较它们的动态负载，从中选择一个动态负载更低的服务器节点来分配请求。使用 choice-of-2 算法后，在大量请求的情况下，我们就可以实现整体集群的负载均衡。实际上，在许多开源微服务框架中已经实现了这种负载均衡算法。

3.5.2　故障节点的探测

在高并发系统中，服务集群的服务器节点通常很多，单个节点的故障属于常态问题。因此，在使用负载均衡服务时，开发人员需要考虑如何发现和处理故障节点，以确保一旦某个节点发生故障，负载均衡服务在分配请求时可以跳过这个节点，提升系统的健壮性和可用性。

通常情况下，上述需求在负载均衡服务中可以通过对服务器节点进行探测来实现。以 Nginx 为例，淘宝开源了一个名为 nginx_upstream_check_module 的 Nginx 模块，它能够帮助 Nginx 对其管理的服务器节点进行健康探测。负载均衡服务会探测服务器节点的某个 URL，以检查它们是否能够正常返回。该模块提供了几个指令，其中 check 指令可用于指定探测的时间间隔以及探测成功或失败的标志；check_http_send 指令可用于指定探测的 URL；check_http_expect_alive 指令可用于指定探测成功的标准，例如可以指定只要返回以 2 开头的 HTTP 状态码就认为探测是成功的。

但是对于微服务架构来说，实现服务器节点的健康探测就比较麻烦了，因为负载均衡服务和微服务客户端通常部署在同一个进程中。由于微服务客户端和服务端节点通常很多，每个微服务可能都有上百个客户端和服务端节点，这样让微服务客户端主动探测服务端节点是否健康的成本就会很大。

因此，微服务架构通常会依赖注册中心来进行服务器节点的健康探测。探测的机制一般有两种：主动探测和心跳上报。

注册中心的主动探测机制类似于 nginx_upstream_check_module 的探测机制。在该机制下，每个服务器节点会暴露一个固定的 URL，注册中心会定期地探测这个 URL。如果连续几次探测结果都不符合预期，就会认为该节点出现了故障，并将其标记为不可用。这种机制需要开发人员在服务器节点上进行一些开发工作，增加一个专门用于探测的接口，因此对业务有一定的侵入性。

心跳上报相比主动探测，对业务没有任何侵入性，但实现起来会更加复杂。它的实现如图 3-23 所示。服务器节点内部依赖注册中心 SDK，此 SDK 会定期上报心跳到注册中心，例如每隔 30 s 上报一次。注册中心接收到心跳后，会记录每个服务器节点的最近一次心跳时间。

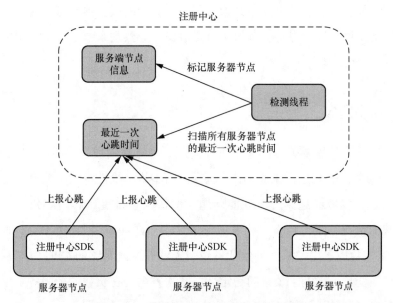

图 3-23 注册中心心跳上报的实现示意

注册中心内部会定期启动一个检测线程，该线程会扫描所有服务器节点的最近一次心跳时间。如果发现某个节点的最近一次心跳时间与当前系统时间的差距达到了一个预先配置的时间间隔阈值，例如 90 s（即 3 次上报心跳时间间隔），注册中心就会将该服务器节点标记为不可用。当注册中心再次收到该节点上报的心跳时，会重新将其标记为可用，使其继续提供服务。

实际上，在很多开源的注册中心中，这两种健康探测机制都被采用。例如，阿里巴巴开源的注册中心 Nacos 采用了这两种机制供开发人员选择，而 Netflix 开源的注册中心 Eureka 采用了心跳上报机制来做健康探测。

无论采用哪种机制，都需要注意给存储在注册中心的服务器节点增加保护策略。这是我在开发注册中心时得到的一个教训。以前我开发的注册中心采用了心跳上报机制，心跳信息存储在 Redis 主从节点中。我在某一天的业务高峰期，突然收到一个报警，该报警提示某个服务下的服务器节点全部被摘除了，导致服务无法连接。经过排查发现，在故障发生之前，注册中心依赖的 Redis 主从节点之间存在很高的延迟，导致注册中心从 Redis 从节点中获取到的心跳信息显示的最近一次心跳时间已经与当前系统时间相差很长时间。

为了避免类似问题再次发生，我给存储在注册中心中的服务器节点增加了保护策略，以限制某个服务集群下必须保留一定数量的服务器节点。这个策略可以确保即使出现误操作，也不会有大量节点被摘除导致剩余节点无法承担所有流量的问题发生。

3.5.3   流量爬坡

负载均衡服务需要关注的一个重要问题是"流量爬坡"，它指的是在服务器节点刚启动时，应该逐渐增加分配的流量，而不是一次性将所有流量分配到新启动的节点上。我曾经遇到一次性能问题，即每次系统重启后，部分节点会出现性能衰减的情况。经过排查，我发现造成这个问题的原因是 JVM 的即时编译导致 CPU 时间片被占用，从而导致业务逻辑无法获取到足够的 CPU 时间片，进而使响应时间变长，影响了系统的稳定性。解决方案是在负载均衡服务上增加处理"流量爬坡"的逻辑，以缓解这种性能衰减的情况。

当时系统使用了 Nginx Ingress Controller 作为负载均衡服务。为了尽快解决问题，我进行了简单的二次开发，增加了固定的预热时间。对于新启动的节点，我在可配置的预热时间内，为其设置较低的权重。预热时间结束后，该节点的权重再恢复到全量权重。这种方案并没有采用流量逐步增加的方式，只能作为问题的临时解决方案。

后来系统将负载均衡服务切换到了 Istio Gateway。它使用 Envoy 作为默认的数据平面。Envoy 在 2022 年提出了慢启动模式（slow start mode），在这种模式下，流量的逐步增加是缓慢进行的。它会定义一个慢启动窗口，在这个窗口内新启动节点的权重会动态调整。具体的调整方式如式（3.4）所示：

$$NewWeight = Weight \times \max\left(MinWeightPercent, TimeFactor^{\frac{1}{Aggression}}\right) \qquad (3.4)$$

式中，MinWeightPercent 表示慢启动窗口内服务器节点的最小权重比例，默认是 10%，Aggression 是一个常量，用来控制流量增加的比例，而 TimeFactor 是一个随时间变化的参数，其计算方式如式（3.5）所示。

$$TimeFactor = \frac{max(TimeSinceStartInSeconds, 1)}{SlowStartWindowInSeconds} \qquad (3.5)$$

式中，TimeSinceStartInSeconds 是服务器节点的启动时间，SlowStartWindow-InSeconds 则是配置的慢启动窗口时间。将式（3.4）和式（3.5）结合就可以计算出节点启动后不断变化的权重。流量是逐步增加的，最终达到一个稳定状态。增加了处理"流量爬坡"的逻辑之后，系统重启后就不会再出现因性能问题导致的稳定性问题了。

3.6 机房冗余

存储资源冗余和计算资源冗余主要针对单个机房内的服务和组件，一旦整个机房发生全面故障，这些冗余都会失效，因此需要考虑通过机房级别的冗余（即机房冗余）来进行故障容错。我所在团队建立了一套同城双活、异地灾备的两地三中心系统，来应对机房故障的问题。

2020 年，我所在团队维护的一个系统所在的公有云出现了大规模故障。其原因是公有云运维人员的误操作导致了系统部署区域内所有机器的下线。这意味着区域内的数据库、缓存、大数据系统、云服务器等全部宕机，甚至监控报警系统和应急响应平台等运维系统也全部失效。由于没有进行机房冗余，团队只能等待云服务提供商进行重启和恢复，这一过程持续了 7 h。

在这次故障之后，团队立即着手对公司内部的重点项目和依赖的一些重要服务进行了同城双活架构改造。当然，并不是所有的服务都需要进行机房容灾，因为这样做的成本是非常高昂的。

3.6.1 机房冗余的实现方式

提到机房容灾，大家往往会想到阿里巴巴、腾讯等互联网大厂和大团队分享的异地多活架构。这种架构虽然能够提供较高的可用性，但其开发和运维成本都极高，并且建设过程漫长耗时，通常以年为单位进行计算。对于资源有限、生存压力较大的小厂和小团队来说，这种架构并不友好。

实际上，在不考虑多活部署的前提下，可以选择的机房冗余的实现方式主要有两种：冷备和热备。这两种实现方式都会对系统进行备份，其中备份系统只有在主系统发生故障时才会发挥作用，并不是搭建的另一套供给用户访问的"活跃"系统。这里的"活跃"系统表示部署的服务在日常提供给用户服务，每个活跃服务通常承担部分用户流量。在主系统发生故障时，可以通过一些扩容手段让某个机房的备份系统作为活跃服务承担全部用户流量，从而保证整体服务的可用性。

冷备，又称为数据冷备，这种方式仅备份业务所使用的数据。冷备的实际操作相对简单，常见的存储系统通常会将数据存储为文件，例如 MySQL 的数据文件、Redis 的 RDB 文件等。冷备通过脚本或文件同步工具定期将这些文件同步到另一个机房，这样一旦主机房发生故障，可以确保数据不会丢失。冷备的优点是简单易行，几乎任何规模的开发团队都能够轻松实现。但它的缺点也很明显，即无法通过流量切换快速恢复服务，而且备份的数据仅代表某个时间点之前的状态，与当前数据可能不一致。

那么，它适用于哪些场景呢？通常它可以作为其他多活策略的补充使用。如果单独使用，则它适用于极端故障场景，例如因地震或海啸等自然灾害导致机房数据完全损失且无法恢复的场景。

而热备需要在另一个机房建立一套与主机房完全相同的服务和存储资源，但可能规模更小，主要出于成本方面的考虑。对于每种存储资源可以部署一个从库，通过主从同步机制从主库同步数据。应用服务器和负载均衡服务也都按照主机房的架构进行部署，但它们通常不承担实际用户流量，只有在主机房发生故障时才会将用户流量切换到这里。这种方案尽管看起来很理想，但存在一个问题，即由于这套与主机房完全相同的服务和存储资源平时并不真正提供给用户使用，因此我们对它们的情况几乎一无所知。一旦主机房发生故障，我们可能不敢将线上流量真正切换到这套与主机房完全相同的服务和存储资源上。因此，在实际工作中，热备很少被采用。

3.6.2 同城双活

在实际工作中，为了平衡成本和可用性，同城双活是一种更常见的实现方式，它指的是在地域上比较接近的区域里面选择两个机房以部署同一套服务，两个机房部署的服务都承担一定的用户流量。它的架构如图 3-24 所示。

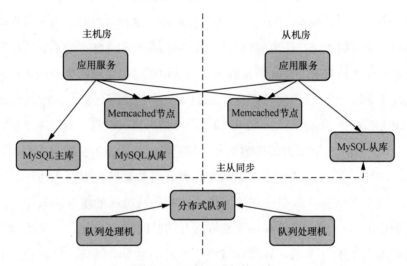

图 3-24　同城双活架构示意

在图 3-24 中有两个机房，分别是主机房和从机房。在主机房中部署的是全套的存储资源和服务，包括 MySQL 主库、从库，以及 Memcached 节点和应用服务等，而在从机房中，只部署 MySQL 从库、Memcached 节点和应用服务。数据通过主从同步机制从主机房同步到从机房，如果数据写入的是从机房的 MySQL 从库则需要跨机房将这些数据写到主机房的 MySQL 主库中。因为 Memcached 节点没有提供主从同步机制，所以需要在业务上通过双写机制来保证主机房和从机房缓存数据的一致性。在对 MySQL 主库、从库和 Memcached 节点数据的读取上，需要尽量保证应用服务只读取本机房的 MySQL 从库和 Memcached 节点的数据，避免跨机房的数据读取。因为一旦跨机房读取数据，不仅会增加响应时间，还会占用机房专线的带宽，带来成本和稳定性方面的问题。如果业务逻辑中有异步处理的逻辑，就需要部署一套跨机房的分布式队列。例如，如果分布式队列使用的是 Kafka，那么 Kafka 必须进行集群部署，并且要确保每个机房都有分区的一个副本。这样一旦机房发生故障，可以快速将 Kafka 的读写切换到其他任何一个机房。至于队列处理机，它们完全是无状态的，只要保证在主机房和从机房都部署一定数量的队列处理机即可。

同城双活架构的实现与机房的选择关系密切。机房之间既不能太近，以免无法实现机房容灾；也不能太远，以免影响数据的一致性。因此，人们通常会选择在同一个城市的不同地域建立机房，例如在北京建立永丰机房和亦庄机房，这两个机房一个位于北五环外，另一个位于南五环外，这样可以基本满足机房容灾需求。当然，也可以考虑在距离较近的城市，例如北京和天津、成都和重庆等中选择不同的机房来部署服务。在衡量机房之间的距离时，主要考虑的因素是机房之间的 ping 延迟。在同城机房或距离较近的城市中的机房之间，ping 延迟通常在 1 ~ 3 ms。在这种延迟下，进行少量的数据跨机房写入缓存、数据库主从同步或内网接口调用操作，对延迟的影响不大，甚至可以将同城机房视为一个大型机房来处理。因此，在图 3-25 所示的架构中，允许将数据跨机房写入缓存，但会尽量控制跨机房的缓存、数据库读取操作，尤其是跨机房的缓存读取操作。因为读缓存操作的 QPS 通常很高，每次读取缓存的时间约为 1 ms。一旦机房之间的 ping 延迟增加了 1 ~ 3 ms，每次读取缓存的时间至少会翻倍，这在业务上是不可接受的。

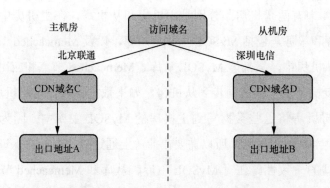

图 3-25　同城双活前端流量分配示意

在前端流量分配方面，通常会根据请求地域的不同，将访问域名通过 DNS 解析到不同机房的出口地址或者 CDN 域名上，如图 3-25 所示。主机房有一个出口地址 A，从机房有一个出口地址 B，这两个地址通常是最上层负载均衡服务的地址。可以申请两个 CDN 域名 C 和 D，将 CDN 域名 C 的回调地址配置为主机房的出口地址 A，将 CDN 域名 D 的回调地址配置为从机房的出口地址 B，这样就将 CDN 域名 C 和主机房，CDN 域名 D 和从机房绑定在一起了。在配置访问域名的 DNS 解析规则时，可以指定某个区域、某个运营商的解析指向 CDN 域名 C 或者 D。例如，可以将北京联通的线路配置到 CDN 域名 C 上，这样北京联通的所有用户就会访问到主机房；将深圳电信的线路配置到 CDN 域名 D 上，这样深圳电信的所有用户就会访问到从机房。按照这种前端流量分配方式，运维人员很难指定某个机房的流量，将其固定在某个精确比例上，只能将其固定在一个大致的比例上。另外，一旦出现机房级别的故障，需要迁移流量，只能通过切换 DNS 的方式来实现。DNS 切换的生效时间相对较长，一般需要约 20 min 才能让全国 90% 左右的 DNS 切换生效，因此很难实时地实现流量在不同机房之间的切换。

3.6.3 两地三中心

同城双活架构能够解决的是机房容灾问题，但是如果遇到整个地区所有机房都发生故障的情况，例如 3.6 节开头处提到的云厂商故障的案例，同城双活架构实际上无法解决问题。在这种情况下，可以选择异地多活架构，但是这种架构设计复杂、建设周期长，对于开发资源有限的小厂和小团队来说并不友好。

另一种机房冗余的实现方式是在异地部署一个容灾机房，这种方式类似于3.6.1 节提到的热备，这就是所谓的"两地三中心"方式，它是同城双活架构的补充，旨在以最低成本实现异地灾备。为了在机房发生故障时能够放心地将流量切换到异地灾备机房的系统上，需要编写自动化测试脚本来测试该系统是否能正常运行。

尽管如此，仍然建议对于业务逻辑简单的系统采用异地冷备，因为其部署成本低，出现问题的概率也较低。而对于业务逻辑复杂的系统的容灾，虽然可以通过自动化测试脚本来确保该系统可以运行，但仍然无法保证系统可以无故障运行。因此，对于业务逻辑复杂的系统的跨地域容灾，仍需要考虑异地多活架构。

3.6.4 异地多活

在异地多活架构中，ping 延迟的增加给架构设计带来了难题。例如，如果将不同的机房放置在国内距离比较远的两个城市，如北京和上海，此时 ping 延迟通常会达到 30 ms。而如果将机房放置在北京和广州，ping 延迟可能会达到 50 ms。对于这种延迟，同城双活架构是很难支撑的。

例如，数据同步的 ping 延迟如果超过了 50 ms，在执行数据写入后立刻读取的操作时，很可能会出现主机房已经写入了数据，但从机房尚未同步成功的情况。在这种情况下，当从机房尝试读取数据时，就会读取到未更新的数据，导致数据不一致。另外，如果原本部署在从机房的应用服务器需要将数据写入数据库和缓存，由于需要进行跨机房写入，在如此高的 ping 延迟下，写入操作的时间会增加数倍，对系统性能造成严重影响。

因此，在考虑异地多活架构时，需要尽量减少跨机房的数据写入和读取操作，以降低 ping 延迟对数据一致性和系统性能的影响。

目前业界比较认可的异地多活架构是 cell 架构。在这种架构下，需要按照某种维度对数据进行切割，这个维度通常与业务相关。例如，淘宝按照用户 ID 维度来切割数据，而饿了么则按照地域维度进行数据切割。每一份被切割出来的数据被称为一个单元或者一个 cell。在数据流转的过程中，需要尽量保证在同一个单元内进行操作，避免跨单元读写数据的情况发生。从这个角度来看，饿了么的切割方式更适用于外卖业务，因为外卖业务很难出现跨地域购买和配送商品的情况。因此，按照地域维度切割数据之后，系统可以更容易地保证用户、商家和骑手之间的交互在同一个单元中进行。

在切割了数据之后，可以在每一个单元内部部署一套相同的业务代码和存储资源。每个单元都拥有全量的数据，并存储在主库和从库，只是归属于该单元的用户数据由用户直接写入，而其他数据则从其他单元同步过来。这就需要开发一些中间件来实现数据的双向同步。例如，如果有 A、B 两个单元，它们各自承担 50% 的流量，那么需要将 A 单元主库的数据同步到 B 单元主库，同时也需要将 B 单元主库的数据同步到 A 单元主库。这个过程是双向的。饿了么开发了一个名为数据复制中心（data replicate center，DRC）的组件来实现数据同步。

由于正常情况下应用服务器只会访问本单元的数据，不会跨单元访问，因此即使数据同步存在一些延迟也是可以接受的。而数据被同步到其他单元后，除了可以更新数据库中的数据，还可以刷新缓存中的数据。对于需要在不同单元之间保证强一致性的路由信息等数据，可以将它们保存在一个独立的全局区域内。这样的架构示意如图 3-26 所示。

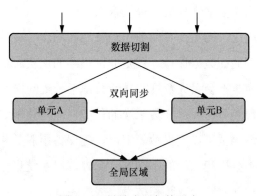

图 3-26 异地多活架构示意

异地多活架构看起来确实可以解决机房容灾的问题，但在实施异地多活架构之前，一定要评估好收益和成本的关系，不要过度追求可用性而忽略了系统的易维护性，否则可能会搬起石头砸自己的脚。我曾经参加过一个技术大会，会上有人讲述了一个案例。这个案例来自一个经过 C 轮融资的创业公司，其主要业务涉及大量海外用户，因此技术团队决定实施跨国多活架构。经过一年多的努力，他们终于将这套架构上线了。然而，由于数据同步延迟的问题，他们每天都收到大量投诉，客户向他们反映各种数据不同步导致的问题。这给技术团队带来了巨大的压力，最终他们不得不重新将架构改回国内架构。这样的一番折腾不仅浪费了服务器成本，还占用了大量人力资源，耽误了业务发展的"黄金时间"。不久之后，该公司的业务就开始走下坡路。作为旁观者，我觉得这样的结果非常可惜。

3.7 小结

无论是存储资源冗余、计算资源冗余还是机房冗余，其本质都是通过在系统中引入冗余组件和备份资源来提高系统稳定性和可用性的方法。这些方法旨在防止单点故障，确保即使某个组件或资源发生故障，系统仍能保持正常运行。读者在实际使用这些方法的过程中还需要注意以下几点。

首先，冗余实现高可用的关键在于对系统进行实时监控和冗余系统的自动切换。实时监控系统的各个服务和存储资源的状态，可以及时发现潜在的故障，并在不影响用户体验的情况下切换到备用服务和存储资源上。这可以通过使用负载均衡服务、故障检测和自动恢复机制等技术来实现。

其次，冗余实现高可用需要考虑数据一致性和同步。在系统中使用数据冗余时，确保不同地方存储的数据保持一致是非常重要的。实时数据同步和复制机制可以确保在进行切换时不会丢失数据或导致数据不一致的问题。

最后，冗余实现高可用并非一劳永逸的任务，而是需要定期进行测试、维护和更新。定期的系统测试可以模拟故障情况，确保备用服务和存储资源能够正常工作并且切换过程不会引起系统的不稳定。此外，对系统进行定期维护和更新也是确保高可用及应对新的安全威胁和技术挑战的关键。

第 4 章

分片

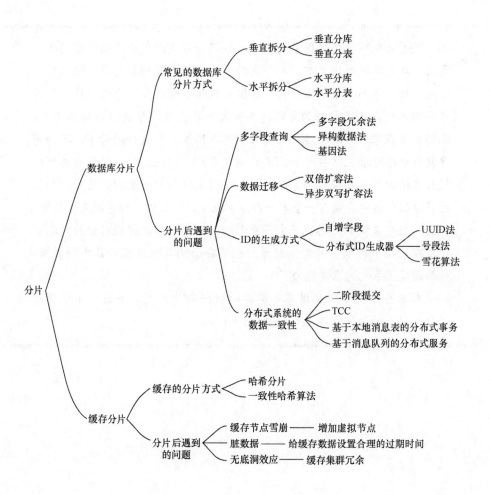

随着互联网系统数据量的激增，数据分片逐渐成为存储系统的核心需求。在互联网时代之前，单个数据表达到百万级的数据量已经被视为很大规模，然而在互联网时代，数据量往往以亿级甚至十亿级计算，这对存储系统提出了更高的要求。尽管大多数互联网系统以读操作为主，但仍然存在像"秒杀"这样的高并发写入场景。在这种场景下，单一的存储系统很可能无法应对如此高的并发负载。因此，引入数据分片可以提升系统的并发处理能力，同时可以增强系统的可扩展性。此外，如果所有数据都集中存储在一个单一存储系统中，一旦该存储系统发生故障，将会对整个系统的可用性产生严重影响。然而，对数据进行分片可以实现，即使某个存储分片发生故障，也不会影响其他存储分片中的数据，从而提高了系统的容错能力。

本章将分别介绍数据库和缓存的数据分片方式，并进一步说明数据分片引入的新问题以及标准的解决方案。

4.1 数据库分片

数据库进行数据分片的标准做法是先指定某一个数据库字段作为拆分键，然后根据这个拆分键将数据拆分到不同的分片中。在进行数据查询时，为了尽量减少扫描数据的数量，必须带上拆分键，明确指定查询哪个分片中的数据。拆分键的选择需要考虑业务请求的特点，而分片方式的选择也需要考虑将数据拆分得尽量平均，避免产生极端大的分片，导致数据分片失去意义。然而，查询必须带上拆分键的要求使得许多原本简单的实现变得复杂。

假设一张表中记录了社区内所有用户数据，如果不进行数据分片，那么统计社区所有用户的数量只需要一条 SQL 查询语句。一旦进行了数据分片，就需要从所有的分片中获取用户数量，再进行一次加法运算，这显然效率很低。因此，在实际工作中开发人员通常会在缓存中提供一份冗余用户数量数据，或者如果不需要实时获取用户数量数据，可以将社区用户数据同步到离线的 Hive 存储中，再通过 MapReduce 任务离线计算用户数量数据。

除了计算数量的场景，数据分片在其他场景中还有一些需要注意的地方，本节将会详细介绍。下面先介绍一下常见的数据库分片方式。

4.1.1 常见的数据库分片方式

数据库分片方式通常有两种：垂直拆分和水平拆分。垂直拆分又可细分为垂直分库和垂直分表。

垂直分库是将不同业务的表拆分到不同的数据库中。这样做的原因有两个：一个原因是为了降低不同业务之间数据的耦合度，避免一个业务的表设计不合理导致的故障影响其他业务；另一个原因是数据库的连接是昂贵的资源，单个数据库的连接数是有限制的。垂直分库可以将单个库的连接数分摊到多个库上。例如，一个社区系统在初始设计时只有一个数据库，随着业务复杂度和请求量的提高，可以将这个数据库垂直分库为用户库、内容库、评论库、点赞库等，从而降低了不同业务之间数据的耦合度。

相比之下，垂直分表更多出于对数据库性能的考量。数据表中的数据在磁盘上以页为单位存储。数据表的列数越少，一页可以存储的数据越多，这样当批量查询大量数据时，可以从尽量少的存储页中加载数据，减少了磁盘 I/O，提高了查询效率。此外，如果数据表的列数过多，一个数据行在存储时可能会跨越多个页，这样即使只读取一行的数据，也会有额外的性能损耗。垂直分表的原则有两个，一个是把业务关联相近、业务上需要一起查询的字段放在一张独立的表中；另一个是把查询频率高的字段放在一张表中，把查询频率低的字段放在另一张表中。

水平拆分也可以细分为水平分库和水平分表。无论哪种方式，其本质上都是为了解决数据量过大导致的性能下降问题。数据库的水平拆分是提升数据库系统性能的标准方案，《阿里巴巴 Java 开发手册（第 2 版）》中提到：当单表行数超过 500 万或者单表容量超过 2 GB 时，才推荐分库分表。但实际上，基于对成本的考虑，分表的阈值通常会被设置为千万行级别，甚至可能会超过一亿行。MySQL 的查询性能优化主要依赖于索引，而更小的表会使索引查询性能有显著的提升。想要了解这一点需要先从了解索引的原理开始。

MySQL 索引的原理是利用类似二叉搜索树的数据结构，通过多次二分查询来减少查询次数，从而提高查询速率。二叉搜索树指的是每个节点最多只有两个分支的树形结构，如图 4-1 所示。左子树的值都小于它的父节点的值，而右子树的值都大于它的父节点的值。

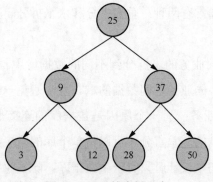

图 4-1   二叉搜索树示意

基于二叉搜索树的特点，在树中查询目标元素的效率很高。例如，在图 4-1 所示的二叉搜索树中，最多只需要查询 3 次就可以找到目标元素。然而，二叉搜索树的查询效率受树的高度影响。如果一个二叉搜索树的所有节点都只有左子树而没有右子树，那么这个二叉搜索树的高度将会很高，查询效率也会退化为链表的查询效率。因此，为了优化二叉搜索树的性能，人们设计了二叉平衡树这种结构。红黑树就是一种特化的二叉平衡树。

然而，目前常见的数据库系统很少使用二叉搜索树或者红黑树作为索引的数据结构，主要原因是无论使用哪种树结构，都会面临树的高度极高的问题，尤其是在面对海量数据时。高度极高的树结构导致在查询数据时需要进行多次磁盘 I/O 操作，从而显著降低了查询数据的效率。因此，目前常见的数据库系统更倾向于使用 B 树或者 B+ 树作为索引的数据结构。B 树和 B+ 树的结构特点使得其在面对海量数据时能够更高效地进行查询，从而提升了数据库系统的性能和查询效率。

B 树相比二叉搜索树的主要不同之处在于它是一种多叉树结构，即一个节点可以有多个子节点。在 B 树中，每个节点存储多个关键字，并且这些关键字按照递增序列排列。假设非叶子节点最多可以有 M 个子节点，那么非叶子节点中最多可以存储 $M-1$ 个关键字，并且它会同时存储 M 个指针，这些指针分别指向这 M 个子节点。如果一个非叶子节点的关键字分别为 k[1],k[2],……,k[M-1]，M 个指针分别为 p[1],p[2],……,p[M]，那么指针 p[1] 指向关键字小于 k[1] 的子节点，指针 p[M] 指向关键字大于 k[M-1] 的子节点，而其他指针 p[i] 则指向关键字在 (k[i-1],k[i]) 内的子节点。简而言之，B 树中的关键字和指针是按照递增序列排列的。图 4-2 中给出一个 B 树的案例。

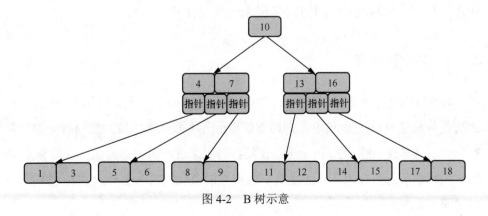

图 4-2　B 树示意

B+ 树对 B 树进行了优化。在 B 树中，非叶子节点也会存储数据，因此在查询数据的过程中有时会查询到非叶子节点，有时会查询到叶子节点，导致查询速度不稳定。更主要的是 B 树在执行范围查询甚至全表扫描时，每个数据都需要从根节点开始遍历，效率非常低。而在 B+ 树中，非叶子节点仅保存索引值不再保存数据，只有叶子节点保存数据，且叶子节点之间存在指针，使得所有叶子节点形成一个有序链表，因此 B+ 树执行范围查询更加方便。

MySQL 采用了 B+ 树作为索引的数据结构。当单个表的数据量很大时，作为索引的数据结构的 B+ 树会存储大量数据，这可能导致树的高度升高，从而影响整体查询性能。水平分表可以显著减少单表的数据量，从而降低树的高度，提升索引查询性能。

常见的水平分表方式有两种。一种是按照拆分键进行哈希分表，即首先选择一个哈希函数，然后使用该哈希函数对拆分键计算哈希值，最后根据总分片数量对哈希值进行简单的取余操作，以确定数据写入或读取的节点。这种分表方式比较常见，例如订单表会按照订单 ID 进行哈希分表，用户表会按照用户 ID 进行哈希分表。

另一种分表方式是范围分表，即根据拆分键定义多个范围，每个范围对应一张表。例如，社区系统的内容信息具有强烈的时效性，可以将用户发表的内容按天进行分表，每张表存储一个月内用户发表的内容。在使用时间区间进行分表时，需提前建立未来时间区间的表，以避免跨时间区间后，新时间区间的表未建立而导致写入失败的情况。

在实际工作中，开发人员有时需要同时使用两种不同的分表方式。对于这两种分表方式，应该根据数据特点和请求特点灵活选择。

4.1.2　多字段查询

对数据库进行分片后，开发人员经常遇到的第一个问题是多字段查询。它指的是业务常见的 SQL 语句中，查询不仅限于一个数据库字段，然而拆分键只能有一个，这导致一些 SQL 语句无法使用拆分键来进行查询。因此，这些 SQL 语句需要扫描所有的分表，从而提高了数据库的负载，同时也导致 SQL 语句的响应时间大大增加。

多字段查询的方法之一是多字段冗余法。例如，在电商系统中，订单数据可能需要按照订单 ID 和用户 ID 两个维度进行查询。为此，可以建立两组分表：一组以订单 ID 作为拆分键存储全部订单数据，称为实体表；另一组以用户 ID 作为拆分键，只保存必要字段（如用户 ID 和订单 ID），称为索引表。在查询时，先通过用户 ID 从索引表中获取所有订单 ID，再从实体表中检索所有订单数据。实体表和索引表的分离是一种常见的多字段冗余法的具体实现。这种方法简单易行，但缺点是会产生冗余数据，且需要确保冗余数据的一致性。

另一种多字段查询的方法是异构数据法，即将所有数据同步到支持多字段查询的存储组件中，Elasticsearch 就是经常被用到的组件。例如社区产品中运营人员对于社区内容数据的查询需求非常多样化，经常需要按照内容等级、内容审核状态、用户等级等字段进行查询。因此，社区产品针对运营人员的后台使用了基于 Elasticsearch 的存储，利用 Elasticsearch 的搜索功能来满足其需求。

除了多字段冗余法和异构数据法，还有一种多字段查询的方法——基因法。基因法的核心思想是让拆分键携带查询维度的基因，从而确保无论按照哪种维度查询都可以落入同一张表中。例如，在订单表中需要根据订单 ID 和用户 ID 两个维度进行查询。使用基因法来解决这两个字段查询的问题，可以选择以订单 ID 为拆分键，但同时让其携带用户 ID 的基因。假设要将订单表拆分成 100 张表，如果按照用户 ID 进行哈希分表，那么决定如何分表的关键是用户 ID 的后两位。因此，可以将用户 ID 的后两位拼接到订单 ID 的末尾，形成新的订单 ID。这样，订单 ID 和用户 ID 在查询维度的基因上就保持一致了。当使用用户 ID 进行查询时，只需定位到订单 ID 后两位与需要查询的用户 ID 后两位相同的订单表即可。基因法的优点在于不需要冗余存储数据，但缺点是需要对数据进行改造，并且只能支持两个维度的分表。

4.1.3 数据迁移

对数据库进行分片后，开发人员经常遇到的第二个重要问题是数据迁移，无论是从单表拆分成多表，还是对多表的数量进行扩容，在不停机的情况下确保数据在迁移过程中的一致性是必要的需求。数据迁移的主要方法有两种。

一种是双倍扩容法，也就是以倍数方式来扩容，这种方法适用于水平分库。例如，将 4 个库扩容为 8 个库、将 8 个库扩容为 16 个库等。假设当前存在 4 个用户库（分别用 01 主、02 主、03 主、04 主表示），需要使用双倍扩容法将 4 个用户库扩容为 8 个用户库，则可以为每个用户库挂载一个从库（分别用 01 从、02 从、03 从、04 从表示），在主从数据一致后，将这 4 个从库添加到 4 个主库后面。这样就可以将其视为 8 个主库使用。在低峰期断开主从连接，将这 4 个从库设置为可写，并将应用的哈希方式从对 4 取余改为对 8 取余，这样后续就可以将请求均匀地分配到这 8 个数据库上。这样，原本落到 01 主上的用户数据会被写入 01 主和 01 从，落在 02 主上的用户数据会被写入 02 主和 02 从，以此类推。这种方法可以以较低成本完成扩容操作。

另一种方法是常规的异步双写扩容法，该方法适用于分库和分表，其实现相对简单。例如，要将单一的用户表拆分为两个表，首先修改业务代码逻辑，在写入数据后再异步将相同的数据按照分表逻辑写入新表中。原本写入单表的逻辑需要增加一个控制开关，以便后续在不重启服务的情况下将写入单表的逻辑关闭。然后编写脚本将被拆分表中的存量数据按照分表逻辑复制到对应的新表中。在存量数据复制完成后，以原有表为基准，校验新表的数据正确性和完整性。通过校验后，将读取数据的方式从读单表修改为按分表的方式读取数据。最后在运行一段时间并且没有问题后，关闭写入单表的逻辑，保留分表的逻辑即可。这种从双写（确保数据迁移过程中原有表和新表的数据同步）到切读（使用新表进行读操作，验证数据正确性）再到切写（停止向原有表写入，仅向新表写入，完成数据迁移）的过程是所有数据迁移任务的标准过程。

4.1.4　ID的生成方式

对数据库分片后，开发人员经常遇到的第三个问题是 ID 的生成方式。业务所使用的 ID 通常需要满足以下 3 点要求。

（1）ID 必须是全局唯一的。任何情况下，重复的 ID 都会导致严重的问题，无论是在数据存储方面还是在业务逻辑的合理性方面。

（2）ID 最好是有序的。有序的 ID 有以下两个好处。

- 在某些场景下需要从缓存中取回一个有序的列表。微博早期的首页聚合了所有关注人的微博信息并按照发表时间来倒序排列，如果 ID 是按照发表时间排序的，那么 ID 就既可以用来获取微博信息又可以用来进行排序；否则，需要在缓存中缓存发表时间和 ID 两个字段，其中发表时间用来排序，ID 用来获取微博信息，这大大扩大了缓存所需的空间。

- 在写入数据的场景下，有序的 ID 可以提高系统的性能。ID 通常被用作为数据表的主键，而主键是被默认作为唯一索引的。4.1.1 节中提到索引的数据结构是 B+ 树，其中存储的数据是有序的。如果 ID 是有序的，那么在 ID 被写入 B+ 树时只需在 B+ 树末尾追加节点即可；否则，在写入数据之前需要先做一次查找操作，只有找到写入位置才能写入数据，这会降低写入数据的性能；而如果写入位置对应的分支节点已经满了，还要将此分支节点分裂成两个，分裂过程中需要移动多个分支节点的数据，写入数据的性能就更差了。

（3）ID 最好能够具有一定的业务含义。将一些业务字段融入 ID 的生成过程中，可以方便地通过解析 ID 获取业务字段的值，而不需要再进行数据库查询。

因此，在设计 ID 的生成方式时，需要综合考虑以上 3 点要求，以满足业务的需求和对系统性能的要求。

在没有进行分库之前，开发人员通常会使用数据库自增字段来作为 ID。但是，在分库之后，如果仍然使用自增字段作为 ID，可能会导致多个库产生相同的自增数据，从而无法保证 ID 的唯一性。自增字段的另一个不适合作为 ID 的原因是它是连续自增的，一旦有人获得一个 ID 值，就可以轻松批量获取大量数据，这可能带来数据安全问题。因此，需要使用分布式 ID 生成器来保证 ID 的唯一性和安全性。实现分布式 ID 生成器的方法，通常有通用唯一标识符（universally unique identifier，UUID）法、号段法和雪花算法。

UUID 是一个由 36 个数字和字母组成的字符串，它基于当前时间、计数器和硬件标识等数据计算生成，目的是在分布式环境下为任意元素提供全局唯一的标识信息。UUID 的重复概率极低，几乎可以认为全局唯一、完全随机的，具有不可预测性，难以被恶意用户批量扫描。另外，UUID 的生成过程不依赖于任何中心化的存储，因此在系统性能和可用性上都有较好的表现。

然而，UUID 存在以下两个缺点，这导致它无法作为 ID 存储在数据库系统中。

- UUID 是无序的，在写入 B+ 树时性能可能不够好。
- UUID 过长，除了占用过多的数据存储空间，写入 B+ 树后单个节点保存的数据量会减少，可能导致 B+ 树的高度升高，进而影响查询性能。

实现分布式 ID 生成器的第二种方法是号段法。号段法本质上仍然依赖数据库来生成 ID，但为了提高性能，每次生成的不是一个单独的 ID，而是一个号段。例如，美团开源的分布式 ID 生成器 Leaf 就支持号段法。Leaf 的架构如图 4-3 所示。

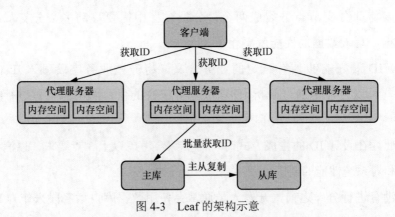

图 4-3 Leaf 的架构示意

Leaf 使用一个单独的数据库来生成自增 ID，但单独的数据库支持的 QPS 是有限的。因此，Leaf 在数据库（主库）之上搭建了多个代理服务器来分担来自客户端的请求压力。考虑到整体的性能和可用性，Leaf 架构中数据库采用的是主从配置，即配置一个从库作为备份。为了降低数据库的负载，每个代理服务器在从数据库中获取 ID 时，会批量获取一批 ID 并缓存在代理服务器中。

这种方法有以下两个好处：

- 使系统的可扩展性强，因为代理服务器基本是无状态的，容易实现横向扩展；
- 使系统的可用性较好，即使数据库发生短时间故障，因为已经有生成的ID且该ID已经缓存在代理服务器上，所以对业务的影响较小。

号段法在一定程度上平衡了性能和可用性，是一种比较常见和可靠的方法。

然而，Leaf存在一个问题，即一旦代理服务器中的数据被耗尽，重新获取号段时需要从数据库中批量获取ID，这可能导致响应时间较长。如果查看监控数据，可以观察到在重新获取号段时，系统的响应时间图会呈现小幅度的高峰。

为了解决这个问题，Leaf采取了一种巧妙的策略：在代理服务器内部开启两个内存空间，一个内存空间供用户使用，另一个内存空间用来异步地从数据库中获取ID并保存以减少后续批量获取ID的时间。当第一个内存空间的号段使用完毕时，用户可以切换到第二个内存空间使用缓存的一批ID数据，而此时第一个内存空间又开始批量获取ID并缓存起来，以避免访问过程中的响应时间突增。

此外，Leaf在使用数据库时也可以实现主从分离。这样一旦主库发生故障，运维人员可以立即进行主从切换，保证存储层的可用性。在主从切换期间，代理服务器的本地缓存可以确保用户不受存储层故障的影响，进一步保障了系统的可用性。

实现分布式ID生成器的第三种方法是雪花算法。雪花算法最初由X公司（前Twitter公司）的技术团队开源，其将一个64位数字按照位数拆分成若干部分，并为每部分赋予特定意义，如图4-4所示。

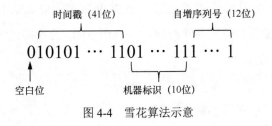

图4-4　雪花算法示意

具体来说，雪花算法将64位数字拆分为以下4部分。

- 最高位留空，作为空白位，不使用该位。

- 接下来的 41 位作为时间戳。如果记录的是毫秒级别的时间戳，则理论上这种算法可以支持 $2^{41}/(365 \times 24 \times 3600 \times 1000)$，即约 69.73 年的时间。

- 再接下来的 10 位作为机器标识，支持部署在 1024 台机器上的 ID 生成服务。

- 最后的 12 位作为自增序列号。如果记录的是毫秒级别的时间戳，则每秒理论上可以生成 $2^{12} \times 1000$，即约 409.6 万个自增序列号。

通过这些数据可以看出，雪花算法基本上可以满足极端情况下的 ID 生成需求。在使用雪花算法时，开发人员通常会通过单独部署服务的方式，将这个服务作为 ID 生成服务。单个 ID 生成服务可以支持超过 40 万次 /s 的极限请求速率，因此一般来说，为一个或多个服务部署一个 ID 生成服务节点就足够了。

为了保障 ID 生成服务的可用性，可以使用主备部署方式。平时使用主 ID 生成服务，当主 ID 生成服务出现故障或获取 ID 失败时，可以切换到备用 ID 生成服务上来获取唯一的 ID。

使用雪花算法存在一个问题，即它依赖本地服务器时间来生成 ID。然而，本地服务器时间是周期性地与公网服务器时间进行核对的。在某次核对的过程中，本地服务器时间可能会发生 1 ～ 2 s 的回拨，这可能导致使用雪花算法生成的 ID 重复，这个问题被称为时钟回拨问题。

解决这个问题的方案比较简单，可以在 ID 生成服务中记录上一次生成 ID 的时间。一旦在生成 ID 的过程中发现获取的本地服务器时间早于上一次生成 ID 的时间，则进行重试等待，直到本地服务器时间晚于上一次生成 ID 的时间。另外，如果存在备用 ID 生成服务，也可以让主 ID 生成服务在出现时钟回拨问题时抛出异常，使系统从备用 ID 生成服务获取 ID，直到主 ID 生成服务正常运行。

总的来说，号段法和雪花算法是两种常见的实现分布式 ID 生成器的方法。雪花算法基本不依赖于任何存储组件，并且生成 ID 的性能足够好，因此在实际工作中应用更为广泛。

4.1.5　分布式系统的数据一致性

当数据库没有进行分片时，数据库自身提供的事务机制可以保障数据的强一致性。然而，一旦对数据库做了分片操作，存储系统就会从单机系统转变为分布式系统，这时候分布式系统的数据一致性问题，就是对数据库进行分片后，开发人员经常遇到的第四个问题。

根据 CAP 理论，分布式系统必须在数据一致性和可用性之间做出权衡，而通常情况下系统会以可用性优先。那么，在数据库进行分片后，如何保证数据的一致性呢？这时就需要考虑使用分布式事务。二阶段提交是实现分布式事务比较简单的方案，其过程如图 4-5 所示。

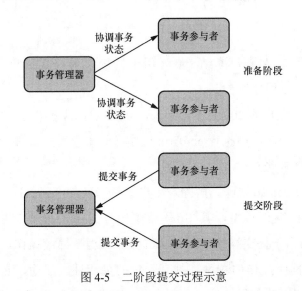

图 4-5　二阶段提交过程示意

二阶段提交将事务提交过程分为两个阶段：准备阶段和提交阶段。在实现二阶段提交时，需要一个事务管理器来协调不同事务参与者的事务状态。在准备阶段，事务管理器要求所有事务参与者预留出事务所需的资源。只有当所有事务参与者都成功准备后，才能进一步要求它们提交事务。一旦某个事务参与者提交失败，事务管理器会要求所有事务参与者回滚。二阶段提交要求事务具有强一致性，但在实现二阶段提交时可能会出现一些问题。例如，事务管理器是单点的，一旦出现问题，整个事务提交过程都会被阻塞，影响整体可用性。另外，如果某个事务参与者和事务管理器之间的通信发生阻塞，其他所有事务参与者也将被阻塞，性能表现不理想。

分布式事务的第二种常见实现方案是 TCC，即尝试（try）、确认（confirm）、取消（cancel）。事务参与者在初始状态，会执行 try 操作，如果所有事务参与者的 try 操作都执行成功，则执行 confirm 操作提交事务，达到最终状态；如果某一个事务参与者执行失败，则执行 cancel 操作，回滚事务，回到初始状态。TCC 可以看作二阶段提交在业务层的实现方案，其过程如图 4-6 所示。

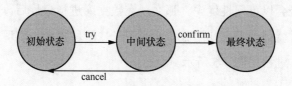

图 4-6　TCC 过程示意

下面以将用户 A 账户冻结 200 元用于转账给用户 B 账户为例讲解 TCC。TCC 将一个业务流程分为 3 步：

- 将用户 A 账户的 200 元冻结起来，需要执行 try 操作；
- 如果冻结成功，则执行 confirm 操作，即扣除用户 A 账户的 200 元并增加给用户 B 账户；
- 否则执行 cancel 操作，解除对用户 A 账户的 200 元的冻结。

TCC 是一种编程模型，其中 try 操作相当于二阶段提交中的准备操作，confirm 操作相当于提交操作，而 cancel 操作相当于回滚操作。TCC 允许开发人员自定义数据库操作的粒度，具有一定的灵活性。然而，它也有明显的缺点，即对业务流程的入侵性较强。原本单一的业务流程需要分成 3 步，这会增加改造成本。因此，在应用 TCC 时需要尽量缩小改造范围，减少对业务流程的影响。

无论采用二阶段提交还是 TCC 实现分布式事务，对于数据一致性的要求都是强一致性，因此需要在其他方面，例如性能和可用性做一些妥协。然而，在许多互联网系统的场景下，强一致性并不是必需的，因此可以在一致性方面做出一些妥协，例如只承诺数据的最终一致性，以换取性能或可用性的改善。

数据的最终一致性，允许存在数据不一致的中间状态，只要在可控的时间内实现数据一致性即可。当然，无论是二阶段提交和 TCC 都实现了数据的最终一致性。除了这两种实现方案，数据的最终一致性的实现方案还有基于本地消息表的分布式事务和基于消息队列的分布式事务这两种常用方案。

下面先介绍实现数据的最终一致性的第一个常用方案——基于本地消息表的分布式事务，如图 4-7 所示。

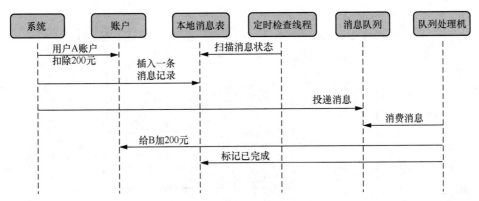

图 4-7 基于本地消息表的分布式事务示意

假设业务流程中需要用户 A 账户向用户 B 账户转账 200 元。在基于本地消息表的分布式事务实现中，首先会扣除用户 A 账户的 200 元，并在同一个数据库事务中插入一条消息记录。接下来，系统将会发送一条消息到消息队列中。队列处理机消费到该消息后，会执行给用户 B 账户增加 200 元的操作，同时将之前插入的消息记录标记为已完成状态。

如果系统向消息队列发送消息失败，或者给用户 B 账户增加 200 元的操作失败，那么该消息记录将一直保持处理中状态。系统会启动一个定时检查线程来扫描所有处于处理中状态的消息记录。如果发现某条消息记录的执行时间超过了设定的阈值，系统会尝试重新发送一条消息到消息队列，以确保事务最终成功执行。这个方案下，在用户 B 账户增加了 200 元之前，事务状态可能会不一致。但由于定时检查线程的存在，系统会尽可能保证数据的最终一致性。

接下来介绍实现数据的最终一致性的第二个常用方案——基于消息队列的分布式事务。例如阿里巴巴开源的消息队列 RocketMQ，就提供了这种事务消息机制，它实际上也是一个二阶段提交的过程。

在事务开始时，消息队列会收到一个"半消息"。消费者无法看到这个"半消息"，直到它被提交之后，消费者才能看到这条消息。这个"半消息"是一种中间状态，表示事务还未完成。而分布式事务可以基于这个机制来运行。

同样使用上面用户 A 账户给用户 B 账户转账 200 元的案例，基于消息队列的分布式事务如图 4-8 所示。

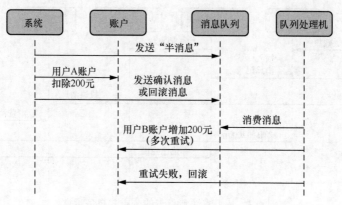

图 4-8　基于消息队列的分布式事务示意

- 消息发送方向消息队列发送一个"半消息"。
- 消息发送方执行给用户 A 账户扣除 200 元的操作。如果这个操作执行成功，消息发送方就向消息队列发送确认消息，这样队列处理机就能够消费到这条消息了，否则会回滚消息，队列处理机也就消费不到此消息。
- 如果发送了确认消息，队列处理机在消费到这条消息后，就可以执行给用户 B 账户增加 200 元的操作了。
- 如果队列处理机在执行操作时失败了，系统会首先重试这个操作。如果重试几次都失败了，系统只能通知消息发送方回滚之前的操作。

无论是强一致性的实现还是最终一致性的实现，分布式事务都需要尽早提交，否则长时间运行的事务可能会对系统造成一些预期外的影响，甚至导致一些意想不到的问题。例如，我曾排查过一个问题，用户在系统中充值后无法看到账户余额的变化，用户以为充值失败。结果排查后发现，出现这个问题是因为系统在充值操作中使用了类似二阶段提交的分布式事务解决方案，而该事务中某个操作的执行时间过长，导致整个事务一直未提交，从而导致用户无法看到充值结果。因此，在互联网业务中，如果不涉及资金交易等对数据一致性要求较高的场景，还是尽量避免使用分布式事务。

4.2 缓存分片

除了数据库需要进行分片，缓存也需要进行分片。因为互联网系统中超过90%的流量都会命中缓存，所以缓存系统的可用性和性能对整体系统至关重要。

4.2.1 缓存的分片方式

常见的缓存分片方式是哈希分片，缓存的 key 可以作为分片的拆分键。然而，这种数据分片方式存在一个致命的问题，即一旦缓存节点的数量发生变化，例如从 3 个节点增加到 4 个节点，所有缓存数据都会被重新哈希分片到不同的缓存节点上。我曾经遇到过某个缓存节点发生故障的情况，而当时程序中有针对缓存节点的健康监测机制。结果，业务代码移除了这个发生故障的缓存节点，导致节点数量发生了变化，程序无法读取之前已经写入缓存节点中的数据，最终出现了大量缓存穿透、整个系统发生崩溃。

为了解决这个问题，人们设计了一致性哈希算法。一致性哈希算法的原理示意，如图 4-9 所示。

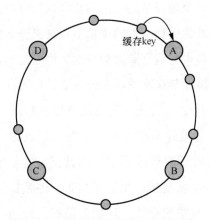

图 4-9　一致性哈希算法的原理示意

一致性哈希算法会定义一个哈希环，并通过一个预先设置的哈希函数根据每个缓存节点的 IP 地址计算出一个哈希值，以将每个缓存节点映射到这个哈希环上。当需要向缓存节点中写入数据或者读取某一个缓存节点的数据时，首先使用同一个哈希函数计算该数据项的缓存 key 的哈希值，然后在哈希环上这个哈希值对应的位置并沿着哈希环逆时针移动。在移动过程中遇到的第一个缓存节点就是负责写入或读取该数据项的缓存节点。

这样使用一致性哈希算法时，一旦某个缓存节点发生故障，影响范围仅限于哈希值落在的这个缓存节点和其逆时针方向的第一个缓存节点之间的缓存 key，而不会影响全部缓存 key。在图 4-9 中，如果缓存节点 A 发生故障，那么受影响的只有哈希值落在缓存节点 D 到 A 之间的缓存 key。原本缓存节点 A 上的缓存 key 的写入和读取操作现在将被重定向到缓存节点 B 上。相比哈希分片，一致性哈希算法的故障影响范围已经小了很多。

不过这里有一个问题，如果哈希环上的某个缓存节点的容量不足以承受额外的流量，一旦它逆时针方向的第一个缓存节点故障，可能会引发缓存雪崩。在图 4-9 所示的哈希环上，如果缓存节点 A 宕机，那么缓存节点 A 和缓存节点 D 之间的缓存 key 的写入和读取操作就会全部落到缓存节点 B 上，如果缓存节点 B 也宕机，那么缓存节点 C 就会承受缓存节点 A 和 B 的流量，依此类推，直至所有缓存节点都宕机，导致缓存雪崩。

为了解决这个问题，可以在一致性哈希算法中引入虚拟节点的概念。将每个实际缓存节点虚拟化成多个虚拟节点，然后将其均匀分布到哈希环上，使得每个缓存节点的虚拟节点与其他缓存节点的虚拟节点交叉分布。这样，当某个缓存节点发生故障时，它原本负责的缓存数据会被均匀地分配到其他几个缓存节点的虚拟节点上，避免某一个缓存节点承受过大的流量导致缓存节点雪崩。

此外，一致性哈希算法在实践中还可能产生脏数据。例如，缓存节点 A 中缓存了张三的数据，然后缓存节点 A 发生故障，导致缓存节点 B 承担了张三的数据读写任务。如果此时用户更改了张三的数据，实际上更改的是缓存节点 B 上的数据。当缓存节点 A 恢复后，重新承担张三的数据读写任务时，会发现缓存节点 A 中的数据已经是脏数据了。解决脏数据的问题的方法是给缓存数据设置合适的过期时间，在数据过期后重新从数据库加载数据。

4.2.2   无底洞效应

给缓存做了分片之后还可能会遇到的一个问题是"无底洞（multiGet hole）"效应。

无底洞效应是指在对缓存做了分片后，由于获取大量数据而导致的性能问题。这个问题最早由 Meta（前 Facebook）公司的技术团队在 2009 年提出，当时他们的 Memcached 节点数量已经超过 800 个，存储了超过 28 TB 的缓存数据。他们发现，随着 Memcached 节点的负载提高和连接效率下降，增加 Memcached 节点后系统性能并未如预期的一样改善，有时甚至会变得更差。这个问题的根源在于使用 multiGet 命令获取大量数据。

假设系统中有两个缓存节点用于存储用户数据，业务需要返回 100 个用户的数据。如果这些数据均匀分布在两个节点上，那么业务代码不能简单地循环向两个节点请求数据，而是需要提前计算出哪些用户数据在哪个节点上，然后并行发送两次 multiGet 命令，才能获取全部 100 个用户的数据。如果缓存节点增加到 4 个，那么就需要并行发送 4 次 multiGet 命令才能获取全部 100 个用户的数据。

当缓存做了数据分片之后，由于数据可能分布在所有的缓存节点上，因此每个缓存节点上的连接数和请求量并没有因为缓存节点数量的增加而减少，而是基本上保持原状。业务系统则因为需要连接更多的缓存节点而导致整体的连接数大涨。同时，当缓存节点数量上涨时，可能也会导致请求响应时间的不降反升。例如，一个缓存节点的请求响应时间小于 10 ms 的概率是 99%，而部署两个节点之后，业务系统在并行请求两个缓存节点的时候，整体的请求响应时间是分别请求两个缓存节点的响应时间的较大值，因此其小于 10 ms 的概率是 99%×99%=98.01%，也就是增加了一个缓存节点之后，请求响应时间增加的概率反而增加了约 1%。换言之，部署了更多的缓存节点反而带来了性能的下降，资源的投入仿佛进入了一个"无底洞"，这就是无底洞效应名称的由来。

消除无底洞效应的方法有多种。Meta 的技术团队提出的方法是从缓存节点本身的性能角度出发，使用冗余复制一个同样的缓存集群，让两个集群各自承担 50% 的流量，从而缓解缓存节点本身的压力。此外，还需要尽量控制一个缓存集群内缓存节点的数量，经过我之前所在技术团队的测试，单个缓存集群中缓存节点的数量最多可以为 4 ~ 6 个。另外，在做缓存分片时，也需要考虑存储数据和用户请求的特点，尽量保证用户单次请求能够分摊到尽量少的缓存节点上。

4.3 小结

　　数据分片是存储系统中广泛使用的一种优化策略，该策略可以极大地提升系统的性能、可用性和可扩展性，尤其是对于可扩展性的提升，使存储系统能够应对互联网高并发流量的冲击。然而，数据分片也提高了系统的复杂性，例如需要管理更多的数据分片、保证数据的一致性等。因此，在实际工作中，读者需要在适当的场景下合理设计和实施数据分片，以使系统更加高效、灵活，为用户提供更好的使用体验，并更好地满足和适应不断增长的数据需求和复杂的系统环境。切勿不顾实际情况超前设计复杂、不实用的系统架构。尽管存在一些挑战，但数据分片仍然是构建现代高性能、可伸缩和可靠系统的不可或缺的工具之一。

第5章

并发与异步

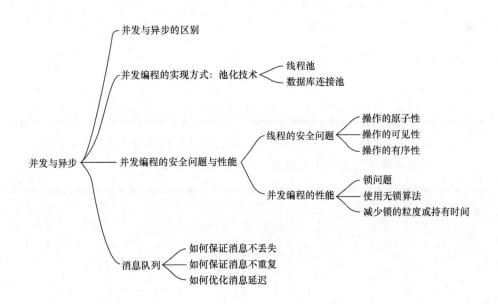

在计算机科学中，并发与异步是性能优化的两种常见手段。本章将讲解如何使用并发与异步来提高高并发系统的性能和可用性。

5.1 并发与异步的区别

尽管并发与异步有时候会被混淆，但实际上它们有不同的含义和用途。

- 并发指的是在同一时间段内，可以执行多个任务。并发并不意味着这些任务真的在同一时刻被执行，而是指它们在一段时间内被交替执行，使得从宏观上看来，这些任务是被同时执行的。并发可以显著地提高系统性能和资源利用率，但也会带来一些问题，例如死锁，以及安全性方面的问题等，需要仔细设计和调试以确保系统的正确性和稳定性。并发的实现通常涉及多任务调度和资源共享。

- 异步关注的是任务执行的顺序，指的是当某个任务发起后，不需要等待就可以执行其他操作。异步的优势不在于真正优化了系统性能，而在于提高了程序的响应速度。使用异步后，程序可以在等待期间继续执行其他任务，充分利用系统资源，提高系统响应能力。

虽然并发与异步在概念上存在差异，但在实际开发中它们经常被一起使用。许多编程语言和框架都提供了对并发与异步的支持，如 Java 语言中的线程池、Scala 语言中的异步分布式编程框架 Akka、Python 语言和 Go 语言中的协程，以及开源领域大量的消息队列中间件。并发与异步可能会增加开发的复杂性，但有了这些编程语言和框架，开发人员可以更方便地处理并发与异步任务，降低开发成本。

本章首先以池化技术作为引子，介绍并发编程常见的实现方式——池化技术的原理和使用技巧。接着，讨论如何避免并发编程中常见的安全性问题，以及提升并发编程性能的方法，包括使用无锁算法减少锁粒度等方法。最后，以 Kafka 为例，探讨在使用消息队列这种异步编程工具时可能会遇到的消息丢失、重复和延迟等问题的解决方案。通过这些解决方案，开发人员可以有效地提高异步消息处理系统的可靠性和性能，确保消息的安全传输和准确处理。

5.2 并发编程的实现方式：池化技术

池化技术是一种常见的系统优化方法，它本质上是一种资源管理方式，主要

用于管理系统中创建开销较大的资源，例如线程、网络连接、对象等。池化技术
提供的功能主要有以下 3 点。

- 池化技术可以将资源缓存起来，使得资源可以被重复使用，避免频繁地
  创建和销毁资源。
- 池化技术可以动态地调整系统中可用资源的数量。在资源紧张时，它
  可以自动创建资源，而在资源空闲时则释放一些资源，以避免资源的
  浪费。
- 池化技术可以在系统启动时预先创建资源，从而避免在使用时创建资源
  所带来的性能损耗。

线程池和数据库连接池，是在 Java 语言中被广泛应用的两种池化技术。本
节将分别介绍线程池的原理与使用技巧、数据库连接池的原理，以及可能遇到的
问题和相应解决方案。

5.2.1　线程池的原理与使用技巧

线程池，顾名思义，是一种使用池化思想来管理线程的工具。在 Java 语言
中，线程池的默认实现是 ThreadPoolExecutor 类，它有 6 个重要参数，具体如下。

- corePoolSize：线程池的核心线程数，即线程池中最少维护的线程数。
  在创建线程池后，可以立即调用线程池的 prestartAllCoreThreads() 方法，
  提前创建所有的核心线程，起到预热线程池的作用。
- maximumPoolSize：线程池的最大线程数，即线程池在繁忙时能够创建
  的最大线程数。
- keepAliveTime：当线程池中的线程数大于 corePoolSize 时，线程的最
  大空闲时间。如果线程的空闲时间超过这个时间，线程池会回收空闲
  线程，直到线程数降至 corePoolSize。另外，线程池中有一个布尔类型
  的内部变量 allowCoreThreadTimeOut，当这个变量的值为 true 时，即
  使线程池中的线程数小于等于 corePoolSize，只要线程的空闲时间超过
  keepAliveTime，该线程也会被销毁。
- workQueue：线程池的任务队列，用于在线程池繁忙时暂时缓存提交的

任务。任务队列有 3 种可选择的策略：第一种是设置为长度为 0 的队列，此时不会缓存任务，而是直接创建线程来执行任务；第二种策略是设置为有界队列；最后一种是设置为无界队列。这里强烈建议不要将任务队列设置为无界队列，因为在这种设置下，如果任务处理速度变慢，会导致大量任务堆积在任务队列中，可能引发内存溢出，最终导致系统崩溃。

- threadFactory：线程创建工厂，可以定义线程的名称、是否为后台线程等。建议使用该参数定义线程的名称，以便在出现问题时能够快速定位问题线程对应代码的位置。

- rejectedExecutionHandler：线程池过载时的拒绝策略。JDK 提供了 4 种默认的拒绝策略，包括抛出 RejectedExecutionException、直接丢弃任务、丢弃队列中最老的任务和由主线程执行。

当线程池的调用者向线程池提交任务时，线程池首先会判断当前线程池中的线程数是否小于 corePoolSize，如果小于 corePoolSize，则创建线程执行任务，并将创建的线程放入线程池中；如果大于等于 corePoolSize，则将任务放入任务队列中。线程池内部会不断轮询任务队列中的任务，一旦存在空闲线程，就会从任务队列中取出一个任务放入该线程中执行，执行完毕后再将线程归还给线程池。当任务队列已满时，线程池会继续创建线程来执行任务，直到线程池中的线程数达到 maximumPoolSize。此时，如果继续提交任务，线程池会拒绝该任务，并按照预先设置的拒绝策略来执行。

线程池的原理如图 5-1 所示。

根据上述原理，当任务处理速度变慢时，线程池首先会将任务堆积在任务队列中，而不是立即创建线程。这种做法适用于 CPU 密集型任务，因为对于这种任务，为了最大化线程池中线程的处理能力，通常将 corePoolSize 设置为与 CPU 核心数相等。当所有线程都繁忙时，说明所有 CPU 核心都在处理任务，此时再增加线程只会导致频繁的上下文切换。因此，更好的策略是先将任务缓存到队列中，在线程空闲后再执行任务。

然而，在当前的互联网系统中，很少存在复杂的 CPU 计算任务，大多数任务是请求存储资源或第三方服务来获取数据，然后进行简单的本地处理和组装，这些任务属于 I/O 密集型任务。在这种任务的处理过程中，大部分时间都用在 I/O 请求中，CPU 并不是非常繁忙。如果此时将任务缓存到队列中，就会浪费 CPU 资源。如果有更多的任务争抢空闲时间片，一方面可以提高 CPU 的利用率，另一方面也可以提高任务的并行度，优化整体系统性能。因此，对于 I/O 密集型任务，线程池在任务提交后应优先将线程数增加到 maximumPoolSize，再将任务放入队列中。

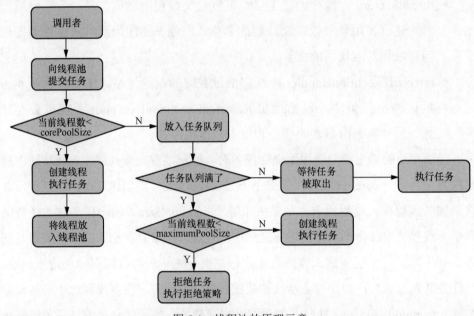

图 5-1 线程池的原理示意

目前许多开源服务框架和 Web 框架提供了这种优先扩充线程数的线程池实现方式，例如代码清单 5-1 展示的 Dubbo 的实现方案。在这个方案中，Dubbo 实现了新的任务队列，该队列继承了 LinkedBlockingQueue（是 Dubbo 中的一个阻塞队列，用于在多线程环境下安全地存储和检索元素），并重写了 offer() 方法。offer() 方法的实现非常简单：如果当前活跃线程数小于线程池中的线程数，则将任务放入任务队列中让空闲线程处理；如果当前线程池中的线程数小于 maximumPoolSize，则返回 false。这里的返回值 false 是线程池实现中预留的一个钩子，如果返回 false，线程池将创建线程执行任务，并将线程放入线程池中。只有当线程池中所有的线程都繁忙，并且线程数达到 maximumPoolSize 时，才将任务放入任务队列中缓存，等待空闲线程处理。

代码清单5-1　优先扩充线程数的线程池实现代码

```
@Override
public boolean offer(Runnable runnable) {
    if (executor == null) {
        throw new RejectedExecutionException("The task queue does not
                                             have executor!");
    }

    int currentPoolThreadSize = executor.getPoolSize();
    //如果当前活跃线程数小于线程池中的线程数，则向队列中添加任务
    if (executor.getActiveCount() < currentPoolThreadSize) {
        return super.offer(runnable);
    }
    //如果当前线程数小于maximumPoolSize，则返回false，线程池创建线程执行任务
    if (currentPoolThreadSize < executor.getMaximumPoolSize()) {
        return false;
    }
    return super.offer(runnable);
}
```

在使用线程池时，另一个常见的问题是如何设置 corePoolSize 和 maximum-PoolSize，特别是 corePoolSize。将 corePoolSize 设置得过大会导致线程浪费，设置得过小则可能导致任务堆积，影响任务执行的实时性。一个经常被采用的理论是将 corePoolSize 设置为可用 CPU 核心数加 1，这样可以最大化地利用 CPU 资源，多出来的一个线程可作为备份线程，以应对可能的页缺失故障或其他导致线程暂停的情况，从而避免 CPU 资源的浪费。然而，这个理论更适用于 CPU 密集型任务，并且并未考虑到任务提交的频率。如果任务提交的频率非常低，例如一分钟只提交一次任务，那么将 corePoolSize 设置得过大必然会导致线程资源的浪费。

其实线程池也可以看作一个排队系统，任务提交可以认为入队，任务执行可以认为出队，而队列则可以认为任务队列加上所有的处理线程。因此，可以使用利特尔法则来估算系统处于平衡态时队列中运行任务的数量。利特尔法则的计算如式（5.1）所示：

$$L = \lambda W \tag{5.1}$$

式中，λ 代表入队的速率，对于线程池这个排队系统来说，可以视为任务提交的频率；W 代表任务在队列中的平均等待时间，也就是任务在线程池中的平均执

行时间。两者相乘即是队列中任务的数量，也就是线程池中正在执行的任务数量。将 corePoolSize 设置为这个数量，就可以最大化线程池中线程的使用效率，又不会造成浪费。

最后，在使用线程池时需要注意的问题是，一定要对任务队列的长度进行监控，这个长度可以通过调用线程池的 getQueue().size() 方法获取。一旦线程池中的任务队列长度变长，任务开始堆积，那么提交的任务就不会在预期的时间内被处理，这会影响上游业务的正常执行。

5.2.2　数据库连接池的原理

数据库连接池也是一种常见的池化技术，它负责创建、管理和销毁数据库连接。之所以需要使用连接池来管理数据库连接，是因为每条数据库连接都是一条和数据库的物理 TCP 连接，创建它除了需要完成 TCP 的三次握手，还需要完成 MySQL 认证的三次握手，时间开销是很大的。

业界常用的数据库连接池有很多，比较有代表性的是 DBCP、Druid 和 HikariCP。其中 DBCP 历史悠久，它目前是 Apache 的顶级项目，但是与其他数据库连接池相比，它无论是在性能上还是在功能上都没有太大优势；Druid 是阿里巴巴开源的热门产品，它提供了优秀的 SQL 监控功能和出色的扩展能力；而 HikariCP 则号称是性能非常好的数据库连接池，目前已经成为 Spring Boot 默认的连接池。

尽管数据库连接池种类繁多，但它们的实现原理非常接近，配置项上也有很多共同之处。下面以 Druid 为例介绍一下数据库连接池的配置。

代码清单 5-2 所示为 Druid 示例配置。

代码清单5-2　Druid示例配置

```
<bean id="dataSource" class="com.alibaba.druid.pool.DruidDataSource" init-
method="init" destroy-method="close">
    <!--连接参数部分-->
    <property name="url" value="${jdbc_url}" />
    <property name="username" value="${jdbc_user}" />
    <property name="password" value="${jdbc_password}" />

    <!--连接配置部分-->
```

```
            <property name="initialSize" value="5" />
            <property name="minIdle" value="10" />
            <property name="maxActive" value="20" />
            <property name="maxWait" value="10000" />

            <!--驱逐连接机制-->
            <property name="timeBetweenEvictionRunsMillis" value="2000" />
            <property name="minEvictableIdleTimeMillis" value="60000" />
            <property name="maxEvictableIdleTimeMillis" value="900000" />

            <!--连接检测机制-->
            <property name="testWhileIdle" value="true" />
            <property name="testOnBorrow" value="false" />
            <property name="testOnReturn" value="false" />
            <property name="validationQuery"  value="select 1" />

            <!--保活机制-->
            <property name="keepAlive" value="true" />
            <property name="keepAliveBetweenTimeMillis" value="30000" />
        </bean>
```

在连接参数部分，主要配置了数据库的连接地址、用户名和密码等基本信息。在下面的连接配置部分，定义了用于控制连接池中连接数量的几个重要参数，具体如下。

- `initialSize`：连接池初始连接数。
- `minIdle`：连接池最小空闲连接数。
- `maxActive`：连接池最大连接数。
- `maxWait`：从连接池中获取连接的最长等待时间，单位为 ms。

接着是关于 Druid 的驱逐连接机制的配置。`timeBetweenEvictionRuns-Millis` 表示运行驱逐连接机制的时间间隔。连接池会每隔定义的时间间隔创建一个任务，在该任务中执行驱逐连接和保活等操作。驱逐连接机制指的是数据库连接池会对空闲连接进行驱逐，驱逐的条件是数据库连接的空闲时间超过 `minEvictableIdleTimeMillis` 并且空闲连接数大于 `minIdle`，或者数据库连接的空闲时间超过 `maxEvictableIdleTimeMillis`。

下面是关于 Druid 的连接检测机制的配置。`testOnBorrow` 和 `testOnReturn` 分别表示在获取和归还连接时是否对连接进行检测，检测的 SQL 语句由配置

`validationQuery` 指定。在高并发流量下，每次获取或归还连接都进行检测会带来一定的性能开销，因此在大多数情况下这两个参数会被设置为 `false`。而 `testWhileIdle` 表示只有当连接的空闲时间超过 `timeBetweenEvictionRuns-Millis` 时才对连接进行检测。在低版本的 Druid 中，由于没有提供保活机制，这个参数可以很好地平衡性能和安全性，在正式环境中可以设置为 `true`。

最后是关于 Druid 的保活机制的配置。如果 `keepAlive` 设置为 `true` 并且连接的空闲时间超过 `keepAliveBetweenTimeMillis`，则使用 `validationQuery` 配置的 SQL 语句检测连接是否有效。

总的来说，数据库连接池的配置主要围绕对连接的管理。驱逐连接机制用于确保连接池中存在合适数量的连接，而连接检测和保活机制则用于确保连接的可用性。这些机制的原理在其他连接池中也是通用的。

5.3　并发编程的安全性与性能

随着现代 CPU 工艺的不断改进，多核 CPU 已经非常普遍。具有 4 核或者 8 核 CPU 的个人计算机已经很常见，更不用说服务器上通常拥有动辄几十个 CPU 核心。多核 CPU 环境可以充分发挥并发编程的优势，但同时也提高了编程的复杂度。稍有不慎不仅无法提升系统性能，还可能导致一些意料之外的 bug。

5.3.1　并发编程的安全性

并发编程首先需要面对的是线程安全的问题。线程安全的本质是指在多线程并发的环境下，程序依然能够得到预期的结果。在多线程并发请求中，线程不安全的对象通常会引发概率性的问题。因此，在实际工作中，如果出现概率性的问题，则很可能存在线程安全的问题。

我曾经排查过一个线程安全的问题。某个社区系统有一个业务逻辑是首页的第一个格子是一个新手教程格，其只会在用户首次访问社区的 24 h 内展示。用户首次访问时间会被存储在数据库中，若用户没有访问过社区，则该时间被设置为 0。然而，有同事反馈称在首次访问社区 24 h 后，仍会看到新手教程格。经过初步排查发现，某些用户的首次访问时间在数据库中被错误地设置为了 0，这个数据错乱问题是由于多线程写入同一个 Map 时存在并发问题导致的。

确保线程安全的关键在于保证操作的原子性、可见性和有序性。原子性指的是一个操作要么全部执行完成，要么不执行。在 Java 语言中，很多语句对应的操作天生具备原子性，如变量的赋值和读取语句对应的操作。然而，诸如 i++ 这样的语句对应的操作就不具备原子性，因为该操作实际上是先读取 i 的值，然后将其加 1 再写回。对于不具备原子性的操作，需要加锁才能保证其原子性。

可见性的含义是当多个线程共同操作一个变量时，如果一个线程修改了变量的值，其他线程可以立即看到修改后的值。可见性问题是由于不同线程看到的共享变量副本不同而导致的，这个问题在不同硬件或者操作系统上产生的原因会有不同。而 Java 内存模型定义了一种抽象的模型，用于屏蔽不同硬件和操作系统的内存访问差异，从而使 Java 在各个平台上实现一致的并发访问效果。Java 内存模型如图 5-2 所示。

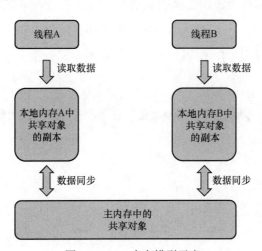

图 5-2 Java 内存模型示意

在 Java 内存模型中，共享变量存储在主内存中，而每个线程都有一块私有的本地内存，共享变量在这块本地内存中存在一个副本。当线程 A 更改共享变量时，它会更改本地内存中的副本，若此时主内存中的数据没有被同步，线程 B 就无法看到这次更改。这就是导致可见性问题的原因。解决可见性问题的方法除了给共享变量加锁外，还有给共享变量增加 volatile 关键字，该关键字可以保证更改的值立即被同步到主内存中，并且其他线程在使用共享变量前都立即从主内存刷新。

有序性指的是多线程下看到的程序的执行顺序与代码的书写顺序相同。而有序性会存在问题，是因为处理器和编译器在不影响代码在单线程下执行结果的前提下，为了优化性能会对代码的指令进行重新排序。如代码清单 5-3 所示的代码中，第一行和第二行代码是可以被重排的，因为从整个代码在单线程下的执行结果来看，重排并不会产生影响。

代码清单5-3   指令重排无影响代码示例

```
int a = 0;
long b = 1;
a = 2;
b = 3;
```

但是，如果代码如代码清单 5-4 所示，两个线程分别执行语句 1、语句 2 和语句 3、语句 4，那么当线程 2 执行到语句 4 时，它是否可以看到语句 1 中对于共享变量 a 的写入呢？不一定，因为在线程 1 中，语句 1 和语句 2 的顺序变化对于线程 1 内部并没有影响，所以这两个语句可能会发生指令重排进而可能影响线程 2 的执行结果。

代码清单5-4   指令重排有影响代码示例

```
int a = 0;
boolean b = false;
//线程1
a = 1;            //语句1
b = true;         //语句2


//线程2
if(b) {           //语句3
    a = a * a;    //语句4
}
```

因此，为了避免指令重排的影响，Java 内存模型定义了一系列的 happens-before 规则，这些规则规定了一个操作的结果必须对另一个操作可见，且每个 happens-before 规则对应了一个或者多个指令重排规则。happen-before 规则在对编译器和处理器尽量少地约束、方便它们优化系统性能的前提下，对于在多线程下可能改变程序执行结果的重排做了禁止。其具体内容如下：

- 同一线程内按照代码的顺序执行；
- 一个锁的解锁操作要在下一个加锁操作之前进行，此规则针对 synchronize 关键字；
- 一个 volatile 变量的写操作要在这个变量的读操作之前进行，也就是 volatile 变量的写操作一定对后续的读操作可见；
- 线程的 start 操作先于此线程的每一个操作，也就是如果线程 A 在线程 B 调用 start() 方法之前对某个共享变量 x 做了更改，那么在线程 B 内部可见这次更改；
- 线程的所有操作先于线程的终结操作，线程的终结操作可以通过 join() 方法实现，那么线程内的任何对共享变量的操作，在调用 join() 方法的线程中都是可见的；
- 对线程的 interrupt() 方法的调用先于被中断线程的代码检测到中断事件的发生；
- 一个对象的构造方法的执行先于此对象的 finalize() 方法的执行；
- 如果操作 A 先于操作 B，操作 B 先于操作 C，那么操作 A 先于操作 C。

happens-before 规则是通过在指令之间插入内存屏障来实现的。内存屏障本身也是 CPU 指令，它告诉编译器或者处理器这个内存屏障与其他指令不得做指令重排，从而保证操作的有序性。同时，内存屏障还可以强制刷新内存缓存的数据，从而保证其他线程可以看到线程执行的任何操作的结果。

5.3.2 并发编程的性能

解决线程安全问题的常见方法是加锁，通过加锁可以保证某些操作只能由单个线程执行，并在执行成功后将结果刷新到主内存以确保其他线程可见。然而，过度使用锁可能会导致操作的并行度降低和过多的锁竞争，从而无法充分发挥并发性能优势。

解决这个问题的直接方法之一是使用无锁算法。例如，虽然某些变量是共享的，但不需要多线程同时操作，可以将其放入 ThreadLocal 变量中，这样对它的任何操作都只会更改线程内部的数据，从而避免了线程安全的问题。另一个常见的无锁算法是比较并交换（compare and swap，CAS）循环。在这种算法中，通过无限循环获取当前共享变量的值作为初始值，并创建共享变量的副本，然后更改副本数据并将其写入共享变量。在写入时需要比较当前共享变量的值和初始值是否相等，以确定是否可以成功写入。如果两者相等，则说明在本次更改操作过程中共享变量的值未发生变化，可以成功写入；否则继续循环尝试写入，直到两者相等。这种算法也称为自旋锁。

另一种解决锁问题的直接方法是尽量减少锁的粒度或持有时间。例如，Java 中的 HashMap 类不是一个线程安全的类，在多线程环境下可能出现预期外的问题。如果要对 HashMap 的操作进行线程安全保护，就需要对操作加锁，这将降低整体的并发度。而 JDK 1.7 引入的 ConcurrentHashMap 类采用了锁分段技术，对 HashMap 的不同段加不同的锁，只要多个修改操作发生在不同段内，它们就可以并发执行。

JDK 8 引入的 LongAdder 类旨在提升高并发场景下更改 long 类型变量值的性能。与 AtomicLong 类相比，其内部维护了一个 Cell 数组，每个 Cell 存储了一个初始值为 0 的 long 类型变量，而最终的值是对 Cell 中所有变量的值求和得到的结果。在 LongAdder 中，对同一 Cell 的变量修改操作需要加锁，但是对不同 Cell 的变量修改操作可以并行执行，从而显著减少了锁竞争的并发量。经过高并发场景下的测试，LongAdder 的性能是 AtomicLong 的 10 倍以上。

5.4 消息队列

队列是一种先进先出的数据结构，其在各种应用中可以通过数组或链表来实现。队列在互联网系统中被广泛应用，例如线程池使用队列来缓存未执行的任务，Dubbo 使用队列暂存接收到但尚未处理的请求，网卡使用类似队列的环形缓冲区来缓存接收到的数据并等待 CPU 处理。

消息队列是队列的一种应用场景，它是保存消息的一种容器，在互联网系统中非常常见。常用的开源消息队列有 Kafka、RocketMQ、RabbitMQ 等，它们可以用来实现系统之间的消息传递，是实现系统异步操作的重要组件。

5.4.1 消息队列的作用

在高并发系统中,消息队列的作用通常表现在以下 4 个方面。

- 在极端高并发场景下,消息队列可以平滑请求的峰值,提升系统的整体性能。例如,在"秒杀"场景中,可以使用消息队列来应对极端的写请求,通过缓存和异步处理来平滑写请求的峰值,减轻流量对存储系统的压力。
- 消息队列可以将非核心流程和操作异步化,缩短接口的响应时间。
- 消息队列可以实现模块之间的松耦合,避免因某个服务出现故障而影响依赖它的其他服务。
- 消息队列可以支持系统进行容错处理,在发生故障后帮助系统恢复,降低故障对整体可用性的影响。

消息队列中传输的消息通常对于业务非常重要,既不能丢失也不能重复。例如,在电商系统中,用户下单后需要通过消息通知积分服务给用户增加积分。如果消息丢失了,用户将无法获得积分,可能引起用户投诉;而如果消息重复了,则会给用户增加两笔相同的积分,商家可能会因此承受损失。因此,保证消息队列的消息既不重复也不丢失,是使用消息队列的关键。

5.4.2 保证消息不丢失

为了避免消息丢失,系统可以在消息发送、消息存储和消息消费这 3 个阶段中增加一些机制。在消息发送阶段,常用的消息队列提供了消息确认的机制,例如 Kafka 和 RocketMQ 都提供了此机制。消息生产者在向消息队列发送消息时,如果消息队列成功接收到消息,将会向生产者回复一条确认消息。如果消息生产者收到了这条确认消息,就可以确认消息在消息发送阶段没有丢失。否则,生产者会重新发送消息,直到收到确认消息。

在消息存储阶段,消息并不会立即存储到磁盘上,而是依赖于操作系统的 PageCache 机制进行处理。PageCache 是由操作系统维护的一层构建在磁盘之上的缓存,消息在写入时只会先写入 PageCache 中,然后由单独的线程异步地刷新到磁盘上。Kafka 提供了两个参数来控制磁盘刷新的时机。一个参数是

log.flush.interval.messages，它表示在刷新到磁盘之前累积的消息数量阈值，一旦累积消息数量超过这个阈值，线程就会把数据刷新到磁盘上。另一个参数是 log.flush.interval.ms，表示如果当前时间与上次磁盘刷新的时间间隔达到了该参数设置的阈值，就会触发磁盘刷新。因此，如果要避免消息在消息存储阶段丢失，可以调整这两个参数的值，使磁盘刷新更加频繁。然而，这样的调整可能会对消息队列中的消息写入性能产生影响，因此需要权衡考虑。

避免消息丢失还可以通过保证消息队列本身的高可用来实现。以 Kafka 为例，可以采用 3.2.2 节中提到的消息队列冗余机制来保证消息在消息存储阶段中有多个副本，从而降低丢失的风险。此外，Kafka 在消息生产时提供了一个参数 acks，该参数有 3 个可选的值：0、1 和 all。当 acks 设置为 0 时，消息生产者只要将消息发送出去就认为写入成功，不会关注消息是否已经写入了 leader 或者 follower 中，这种情况下消息丢失的可能性非常高；当 acks 设置为 1 时，消息生产者要保证消息在 leader 中写入成功才会认为写入成功，这是默认的配置，可以在性能和消息完整性之间取得平衡；当 acks 设置为 all 时，消息生产者必须确保 ISR 中所有的副本都同步成功了，才认为消息写入成功。尽管这会导致消息写入性能下降，但是消息丢失的概率也大大降低了。

在消息消费阶段，要想避免消息的丢失，就需要掌握消息确认的正确时机。在 Kafka 中，消息被消费的进度称为 offset，这个 offset 保存在 Kafka 服务端。消息被确认后，offset 会增加 1，这样消费者就可以继续消费下一条消息了。如果消费者在消费到一条消息后立即确认消息，但是在业务处理期间发生错误，此时 offset 已经增加 1，消费者就不可能再次消费到这条消息了，因此这条消息相当于丢失了。综上所述，应该在业务处理完毕后再确认消息。这样即使业务处理失败，消息也不会被确认，消费者可以再次消费到消息并对业务处理进行重试，从而避免消息在消息消费阶段丢失。

5.4.3　保证消息不重复

在处理消息丢失的过程中，有时候需要增加一些重试逻辑来尽量确保消息成功写入消息队列中。然而，这可能会导致多个重复的消息被发送到消息队列。例如，在消息发送阶段中，消息可能已经被消息队列接收到了，但是返回给消息生产者的确认消息超时了，导致消息生产者认为消息发送失败，于是重发了相同的消息。

针对这种消息重复的情况，通用的处理方式是尽量保证操作的幂等性。在2.1.3 节中已经提到过保证操作的幂等性的 3 种方法，即数据库主键法、版本数据法和通用令牌法，这些方法在这里同样适用。

例如，如果采用通用令牌法，消息生产者在发送消息时可以生成一个全局唯一的消息 ID，并将该消息 ID 和消息一起发送到消息队列。消息消费者在接收到消息后，会先检查存储中是否已存在该消息 ID。如果已存在，则表明接收到的消息是一条重复的消息，可以直接忽略；否则，在处理完消息后，需要将消息 ID 存储起来。下次消息生产者重新发送消息时，一定要携带与之前消息 ID 相同的消息 ID。这样消费者就可以根据消息 ID 来判断是否处理过该消息，从而保证消息的幂等性。

而如果采用版本数据法，发送消息时需要先查询当前数据版本号，并将版本号与消息一起发送到消息队列。如果发生消息重试，应该携带相同的版本号重新发送消息。消息消费者在接收到消息后，首先比较版本号是否相同。如果版本号相同，则执行业务逻辑，并将数据版本号加 1。这样当重试的消息到达时，版本号已经被之前的消息更新了，必然与重试的消息中携带的版本号不同，就不会再执行业务逻辑，进而确保了操作的幂等性。

保证操作的幂等性需要对业务进行一些改造，这可能带来额外的存储成本，因此需要开发人员提前梳理重复消息对于业务系统的影响。只有对重复消息容忍度较低的核心业务才需要进行幂等性改造，这样可以很好地降低开发和维护成本。

5.4.4 消息延迟的危害

使用消息队列时另一个可能遇到的问题是消息延迟，即消息生产时间和消息消费时间之间存在比较长的间隔。一旦消息出现延迟，可能对业务系统造成巨大影响。例如，在电商系统中，使用消息队列将订单系统和库存系统解耦，用户下单支付后，订单系统发送消息通知库存系统发货。用户非常关注下单支付和发货之间的时间间隔，如果消息延迟导致商家未及时发货，用户可能会质疑商家和电商系统的信誉。

对技术系统来说，消息出现较大延迟有时也是致命的。例如，我曾维护一个自研的注册中心，此注册中心基于心跳信息进行节点健康监测。注册中心将心跳信息先写入消息队列，然后异步存储心跳信息。若消息出现延迟，心跳信息写入也会延迟，导致节点健康监测线程获取到了过期的心跳信息，最终可能导致服务节点被错误摘除。因此，业务系统和技术组件都对消息延迟非常敏感，需要通过技术手段避免消息积压，以防止延迟问题的发生。

5.4.5 消息延迟的优化

想要优化消息延迟，首先需要了解如何获取消息的消费延迟。一般来说，消息队列提供了一些获取消息的消费延迟的方法。以 Kafka 为例，Kafka 通过记录消费状态（即消息消费偏移量，简称偏移量）来计算消息的消费延迟。不同版本的 Kafka 记录偏移量的位置也不同。在 Kafka 0.9 之前，Kafka 将偏移量记录在 ZooKeeper 中，但考虑到 ZooKeeper 本身的性能问题，从 Kafka 0.9 开始，Kafka 将偏移量记录到一个特殊的主题中，该主题名为 "_consumer_offsets"。Kafka 还提供了一些脚本，用于获取某个消费者组对每个主题的偏移量。有了偏移量之后，结合当前消息的写入位置，将两者相减就可以得到消息的延迟。

一旦得到消息的消费延迟，就可以制定消息延迟的优化方案了。首先，消息队列对消息的存储性能必须足够好，这样才能尽量减少消息从生产者到消费者的延迟。从这个角度来看，Kafka 在以下两方面进行了优化。

- Kafka 本身使用磁盘存储消息，消息写入时会优先写入操作系统的 PageCache 中，然后由操作系统异步刷新到磁盘上，以提高消息写入性能。
- Kafka 大量使用"零拷贝"技术来优化 I/O 效率。在不使用"零拷贝"技术时，将数据从磁盘发送到网络上通常需要进行 4 次数据复制，如图 5-3 所示。首先使用直接存储器访问（direct memory access，DMA）技术，将数据从磁盘复制到操作系统的内核缓冲区，然后 CPU 先将数据从内核缓冲区复制到用户缓冲区（此时应用程序可以使用这部分数据了），再

将数据从用户缓冲区复制到当前连接的套接字缓冲区，最后使用 DMA
技术将数据从套接字缓冲区复制到网卡的缓冲区中等待发送。

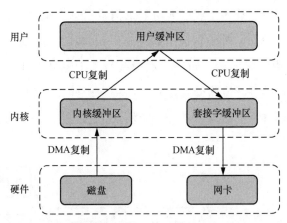

图 5-3　数据从磁盘发送到网络上时进行的数据复制示意

频繁的数据复制对性能影响较大，而"零拷贝"技术可以减少不必要的数据
复制步骤。例如，Kafka 在把数据从磁盘发送到网卡上时，使用了 sendfile() 函
数后，可以直接将数据从内核缓冲区映射到用户缓冲区而无须进行任何的数据
复制操作，此时数据复制流程如图 5-4 所示。当使用 DMA 技术将数据从磁盘复
制到内核缓冲区后，直接通过 CPU 复制将数据复制到套接字缓冲区中，再使用
DMA 技术将数据从套接字缓冲区复制到网卡的缓冲区中等待发送，从而减少了
一次数据复制。

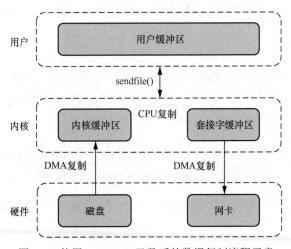

图 5-4　使用 sendfile() 函数后的数据复制流程示意

总之，Kafka 在提升消息发送和存储效率方面做了很多工作。同时，在消费消息时，应该尽量提升系统消费消息的并行度，以确保消费速度与生产速度相匹配。例如，系统可以启动多个线程或协程来消费消息，此时需要将消费线程和消息处理线程分开，消息队列消费模型如图 5-5 所示。当消费线程数量与消息分区数量相等时，消费效率最高。如果将消费线程和消息处理线程放在同一个线程中，那么消息处理的并行度将受到限制。而将它们拆分到不同的线程中，则可以水平扩展消息处理线程的数量，提升系统消费消息的并行度，从而有效提升消息的消费速度。

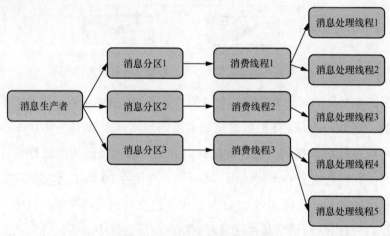

图 5-5   消息队列消费模型示意

5.5   小结

并发与异步是两种常见的系统性能优化方法。并发的优势在于实现资源的高效利用，缩短响应时间，从而提升用户体验。然而，并发需要着重关注线程安全的问题以及由于引入锁而可能导致的并发度下降。相比之下，异步的优势在于能够使耗时操作非阻塞，提高系统的并发度，缩短响应时间，并在一定程度上提升系统的吞吐量。

然而，一旦出现消息延迟，就会拖慢接口响应速度，甚至引发未知错误和异常。因此，读者在实际的设计和开发过程中，需要根据业务场景选择合适的并发与异步策略。

第 6 章

高并发系统的运维

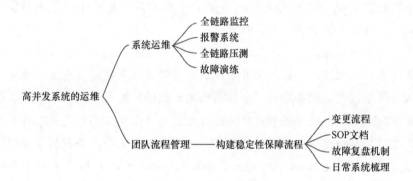

对于高并发系统的运维，提高对系统的把控性至关重要。这种把控性不仅仅指对系统整体架构的了解和熟悉，还包括对系统承载能力的了解。例如，了解系统中每个服务和资源的日常流量情况、系统能够承受的流量极限，以及系统中哪些资源和服务发生故障对系统的影响是灾难性的、哪些资源和服务发生故障是可以接受的。因为系统状态一直在变化，所以我们只有不断地思考这些问题、回答这些问题，才可以提高对系统的把控性。这就需要引入一些系统和工具，并构建一些机制和流程，以持续度量系统的承载能力。

本章从系统运维和团队流程管理两个角度来讲解如何提升团队对高并发系统的把控性，进而提升系统的可用性。从系统运维角度，主要引入全链路监控、报警系统、全链路压测和故障演练等系统和工具，以发现系统问题、性能瓶颈和系统可用性方面的薄弱点；而从团队流程管理角度，主要构建稳定性保障流程，包括控制变更流程、整理标准操作规程（standard operation procedure，SOP）文档、重视故障复盘机制和做好日常系统梳理，以降低系统故障发生的概率，提升团队对于系统的把控性。

6.1　全链路监控

监控系统是业务系统架构必备的性能排查工具，它在业务系统架构中的重要性不可忽视，并且它通常被视为业务系统架构的一部分。监控系统的作用体现在以下 4 个方面。

- 监控系统可以帮助开发和运维人员了解和分析系统性能的长期趋势，从而方便寻找系统的性能优化点。
- 监控系统可以帮助分析过往的性能问题。
- 监控系统和报警系统结合使用，可以帮助开发和运维人员快速发现系统中存在的问题，从而缩短故障的持续时间。
- 监控系统可以留存系统性能数据，使得开发人员在进行系统优化之后能够对性能数据进行优化前后的对比，方便评估系统优化的成果。

在日常系统运维过程中，开发和运维人员通常会考虑对业务服务、存储系统、负载均衡服务以及网络、容器等基础资源进行监控。他们通过不断完善监控指标的完整性和准确性，来保证系统的可用性。然而，对于某些场景来说，仅仅依靠这些监控系统是远远不够的。例如，当外部域名的超文本传输安全协议（hypertext transfer protocol secure，HTTPS）证书到期导致客户端请求失败时，这种情况在传统的服务端监控系统中往往无法体现。因此，在建设监控系统时，通常需要全面监控应用系统端到端的性能和可用性，也就是监控从用户界面的交互开始，经过前端、后端、数据存储等多个环节，最终将数据交付给用户的整个过程。这种监控方法被称为全链路监控。

6.1.1　全链路监控的技术体系

全链路监控通常分为用户监控和服务端监控两大类，具体的监控内容如图 6-1 所示。

用户监控主要指的是客户端监控，而短视频和直播业务必备的流媒体监控也可以被纳入用户监控中。客户端监控，是对网络质量（如延迟、丢包率指标）、DNS（域名解析的效率和成功率）和客户端应用的崩溃与卡顿的监控。流媒体监控则包括对直播推流和拉流、点播拉流、CDN 链路、视频打开时间和视频播放的监控。

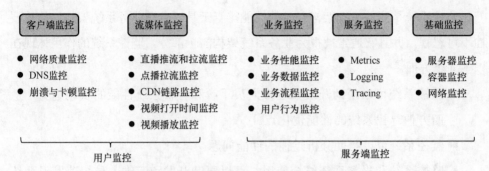

图 6-1   全链路监控具体的监控内容示意

服务端监控主要包括业务监控、服务监控和基础监控。

基础监控是针对服务器、容器和网络等基础设施的监控。服务器监控主要关注 CPU、内存、磁盘、网卡、带宽等服务器资源的使用情况，常用的组件包括 Zabbix、Nagios 等。容器监控主要监控容器的运行状态和资源使用情况，例如容器的 CPU 使用率、内存使用率等，常用的开源组件有 cAdvisor、Prometheus、containerd 等。网络监控涵盖对网络设备和网络链路的监控，监控内容包括网络链路的带宽、每秒发包数、板卡状态、光模块状态和设备温度等，常用的监控组件有 SmartPing、Zabbix 等。

服务监控主要针对业务服务和依赖的存储资源进行监控。其内容遵循了云原生计算基金会（cloud native computing foundation，CNCF）目前对于云原生分布式系统定义的可观测性的规范，即 Metrics、Logging 和 Tracing。

- Metrics 用于计算一段时间内系统事件的数量，这些数据具有原子性和可聚合的特性。例如，服务请求数量、服务响应时间等都属于 Metrics。
- Logging 记录了一系列离散的事件，这些事件被输出到滚动的文件中并被收集到日志系统中。这些事件有助于开发和运维人员在缺乏直接监控指标时快速定位系统问题。
- Tracing 通过有向无环图记录系统之间事件的因果关系。它的特点是将单个请求上下文中关联的系统数据串联起来，从而方便定位系统链路上的问题所在。

业务监控是从业务角度而非技术角度对系统进行监控的重要手段。它通常包括以下几个方面。

- 业务性能监控：主要从业务角度监控系统的响应时间、吞吐量、错误情况等，例如支付成功率、即时消息（instant message，IM）投递延迟等。
- 业务数据监控：主要监控业务数据的变化，例如订单量、内容发布量等。
- 业务流程监控：及时暴露业务流程中的潜在问题，避免业务损失，例如监控内容发布过程中的关键节点。
- 用户行为监控：通过分析用户的操作行为和访问模式，发现潜在的用户需求和问题。

业务监控是系统在业务层面的投射，相比服务监控，业务监控更贴近用户，往往更容易发现用户体验的问题。

另外，用户监控是从用户层面对业务系统的监控，它对业务系统至关重要，是实现端到端全链路监控系统的关键。用户监控有以下几方面作用。

- 反馈用户的使用体验：监控来自客户端的用户访问数据并实时上报，能够准确、真实、实时地反馈用户的使用体验。
- 指导性能优化：作为开发人员进行性能优化的指向标，反馈用户性能数据，引导业务正向优化接口性能、可用性等指标。
- 监控 CDN 链路质量：对于直播或短视频系统，CDN 链路是核心资源，如果没有用户监控，CDN 链路的监控就只能由 CDN 服务提供商或拨测系统完成，无法获取到端到端的监控数据。用户监控弥补了这方面的缺陷，它通过报警机制督促 CDN 链路及时优化和调整问题链路。

用户监控能够帮助开发和运维人员更全面地了解用户体验，进行性能优化，及时发现并解决系统问题。

确定监控项后，下一步是为其设置适当的监控指标。实际上，业界已经有了相当成熟的理论来设置监控指标，包括由谷歌公司提出的 4 个黄金指标、RED 指标和 USE 方法。

第一种指标是由谷歌公司提出的 4 个黄金指标，这是对多年监控分布式系统得到的经验的总结。这 4 个黄金指标分别是延迟、通信量、错误量及饱和度。其中，延迟指的是一条请求从发送到收到响应的时间差，通信量指的是系统当前处理的数据量或吞吐量，错误量代表了一段时间内错误的总数，而饱和度则是衡量服务使用的资源接近资源容量的程度。例如，高 CPU 利用率可能导致响应延迟，高磁盘饱和度可能导致数据写入磁盘失败等。饱和度可以帮助开发和运维人员及时发现系统瓶颈，并在资源使用达到饱和之前主动调整容量，避免系统出现问题。

在谷歌公司提出的 4 个黄金指标中，饱和度相比其他指标更加晦涩难懂，因此，Weave Cloud 在此基础上结合云原生时代的实践，提出了 RED 指标。其中，R 代表速率，对应 4 个黄金指标中的通信量；E 代表错误，对应 4 个黄金指标中的错误量；D 代表延迟，对应 4 个黄金指标中的延迟。RED 指标相比黄金指标更加简单易懂，更易于落地。例如，若要监控业务端对某个 MySQL 组件的访问情况，可以从速率维度选择 select、replace、update、insert、delete 等语句的执行频率；从错误维度选择执行以上语句的错误率；从延迟维度选择上述语句的执行时间。速率、错误和延迟构成了基本的监控指标体系。

此外，Netflix 公司的性能优化技术专家布伦丹·格雷格（Brendan Gregg）提出了 USE 方法，USE 即 utilization（使用率）、saturation（饱和度）和 errors（错误数）的首字母大写形式组合。相比 RED 指标，USE 方法更多用于性能问题的排查，主要关注微观层面上资源的瓶颈情况。因此，在选择监控指标时，主要以 RED 指标为主。

对这 3 种监控指标的总结如图 6-2 所示。

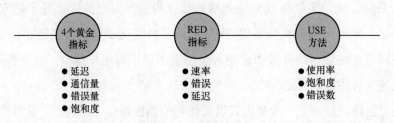

图 6-2　3 种监控指标

6.1.2　分布式追踪系统的构建

在维护分布式系统的过程中，分布式追踪系统对于性能问题的排查至关重要。这是因为分布式系统中通常部署大量服务，导致一次用户请求在系统中流转的链路很长。一旦用户请求响应时间变慢，很难确定这个问题具体是链路上的哪个服务导致的。分布式追踪系统应运而生，它通过自动化收集链路上的请求数据，产出完整的调用数据链路，帮助开发人员快速定位系统瓶颈。

业界有许多知名的分布式追踪系统，例如淘宝的鹰眼系统、Uber 的 Jaeger、X（前 Twitter）公司的 Zipkin、微博的 Watchman、美团的 Mtrace 等。这些系统的理论基础都源自谷歌发表的论文 *Dapper, a Large-Scale Distributed Systems Tracing Infrastructure*。该论文详细介绍了分布式追踪系统的原理，以及谷歌在系统建设过程中的经验总结。分布式追踪系统的原理示意如图 6-3 所示。

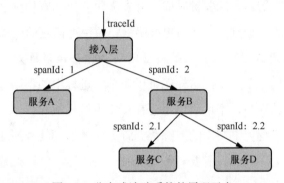

图 6-3　分布式追踪系统的原理示意

首先，系统会为每一次用户请求分配一个唯一的 traceId，这个 traceId 会在后续的每一条链路上传递，用于串联所有相关服务。然后，在每一条调用服务或者存储资源的链路上都会生成另一个 ID，即 spanId。spanId 用于表述连续两层服务之间的调用关系。例如，在图 6-3 中，接入层调用服务 B 时会设置链路上的 spanId 为 2，服务 B 在调用服务 C 和服务 D 时会把链路上的 spanId 分别设置为 2.1 和 2.2。分布式追踪系统通过这样简单的原理，就可以清楚地描述服务之间的调用顺序。

在一个 span 中，除了记录 spanId，还会记录请求和响应在客户端和服务端中的关键时间，具体有以下 6 个。

- Start：请求开始时间。
- Client Send：客户端真正发起网络请求的时间。由于请求在客户端可能会出现排队情况，因此请求开始时间和客户端真正发起网络请求的时间之间可能存在差异。

- Server Received：服务端接收到请求的时间，通过 Server Received 减去 Client Send 可得到请求在网络中的传输时间。

- Server Send：服务端发起响应的时间，通过 Server Send 减去 Server Received 可得到请求在服务端的处理时间。

- Client Received：客户端接收到响应的时间，通过 Client Received 减去 Server Send 可得到响应在网络中的传输时间。

- End：请求结束时间。

通过记录这些链路上的关键时间，开发人员可以清晰地分辨出业务处理时间和数据在链路上的传输时间，从而更准确地定位性能问题的根源。

无论是 traceId 还是链路记录的 spanId 等数据都可以称为追踪数据。这些数据可以存储在线程上下文中，这样就可以在单一进程中的不同方法之间传递。然而，在业务执行过程中，不可避免地会存在使用线程池异步调用的场景。在这种场景下，存储在线程上下文中的追踪数据就无法传递到线程池的线程内，从而导致调用链路的缺失。因此，需要对线程池做一些改造，将追踪数据作为参数传递到线程池的线程中。

另外，当系统发起跨进程调用或者访问存储资源获取数据时，同样需要传递追踪数据。如果该调用是 HTTP 调用，只需将追踪数据放到某一个 HTTP 头中或者作为参数传递给下游的服务。而如果需要在微服务之间传递追踪数据，则需要微服务框架在通信协议中提供支持。例如，Dubbo 框架内置了一些扩展点，开发人员可以扩展 Dubbo 提供的 Filter 接口，在调用方的扩展类中将追踪数据写入消息体中，然后在被调用方的扩展类中将追踪数据解析出来供被调用方使用。

分布式追踪系统需要收集大量的追踪数据。这些数据的量级大约等于客户端的请求量乘以链路的平均深度的量级。随着系统并发请求量的提升和业务系统链路的复杂化，追踪数据的收集会占用大量的存储空间，也会对业务系统的负载产生一定的影响。因此，需要对追踪数据的收集进行采样。

谷歌针对不同采样率下收集数据对系统延迟和吞吐量的影响进行了实验。实验结果显示，只要将采样率控制在 1/16 以下，收集数据对系统的性能影响是可以被忽略的。即使采样率较低，只要来自客户端的请求量足够高，也能产生足够的追踪数据用于追踪大量的分布式服务。如果在上线分布式追踪系统之前无法确定追踪数据的量级，也可以将采样率设计为动态可配置的，最终根据实际的追踪数据量级对采样率进行调整。

6.1.3　用户监控系统

用户监控系统和服务端监控系统的最大区别之一在于监控数据的采集方式不同。客户端采集数据的逻辑通常会被封装成一个数据采集 SDK。该 SDK 采集的数据主要包括以下 4 个部分。

（1）数据协议的版本号，用于服务端在可能的情况下进行分版本兼容处理。

（2）消息头，主要用于传输应用的标识以及加密的密钥。密钥的作用是对消息体进行加密，因为消息体可能包含一些敏感数据，如用户信息，不应轻易暴露给其他人。密钥本身是一个对称密钥，客户端在发送消息时会随机生成。为了确保对称密钥不会被他人获取，需要对其进行非对称加密。

加密的公钥在数据采集 SDK 启动时从一种服务端策略服务中获取，每项业务都对应一对公钥和私钥。对称密钥被公钥加密后放入消息头中。服务端在接收到消息后，根据业务标识从策略服务获取私钥，然后解密对称密钥，并使用该对称密钥解析消息体。

（3）消息体，在消息头之后传输。消息体可以分为端消息体和业务消息体。端消息体中记录了一些与客户端相关的信息，如设备信息、网络运营商信息、地域信息等。这些信息对于排查性能问题至关重要。开发和运维人员可以根据设备信息跟踪某一设备的性能情况，也可以根据网络运营商和地域信息查看某一类设备的性能和错误数据。这对于监控网络情况，尤其是 CDN 服务的可用性尤为重要。

（4）业务消息体，用于存储与业务监控相关的数据。基于这些数据，运维人员可以对业务进行多样化的监控。例如，在业务消息体中记录图片上传成功和失败的标记，以便统计图片上传的成功率；记录内容发布成功或失败的标记，以便统计内容发布的成功率；等等。

　　为了监控客户端网络请求，客户端数据采集 SDK 会采集网络请求的响应时间和错误数据，这些数据会被记录在业务消息体中，并传输给服务端。在采集数据时，为了便于排查性能问题，通常会对网络请求响应时间的数据进行更细化的拆解，如图 6-4 所示。

图 6-4　对网络请求响应时间的拆解

　　网络请求响应时间会被拆解成客户端等待时间、DNS 解析时间、TCP 三次握手时间、SSL 时间、发送时间、首包时间和包接收时间。这些数据结合存储在端消息体中的网络运营商和地域信息，能够使开发和运维人员更直观地分析问题所在。例如，如果广东电信的本地 DNS 存在劫持问题，就可以观察到广东地区电信运营商的 DNS 解析时间延长。

　　此外，这些数据也可以为开发人员提供性能优化的思路。例如，如果 DNS 解析时间较长，开发人员可以考虑在客户端增加 DNS 结果的本地缓存来缩短 DNS 解析时间，同时可以通过在业务消息体中增加 DNS 解析是否命中缓存的标记来监控缓存的效果。同样地，为了减少 TCP 三次握手时间和 SSL 时间，开发人员可以通过更改网络库来复用 TCP 连接。在端消息体中增加当前连接是不是复用连接的标记，可以计算出连接的复用比例，从而观测"连接复用"策略的执行效果。

　　无论是搭建服务端监控系统还是用户监控系统，其系统架构大致相同，都可以拆分为数据采集、数据存储和数据展示 3 个部分。

　　数据采集的方式有很多种，例如链路监控的数据由分布式追踪系统采集后写入日志，然后 Fluentd 或 Filebeat 等开源组件将日志收集到监控系统服务端。另外，运维人员可能会在服务器上部署监控组件本地代理，定期收集机器性能指标数据，并发送给监控系统服务端。例如，小米开源的 Open-Falcon 组件通过本地代理来收集机器负载、内存等性能指标。而用户监控的数据则通过客户端数据采集 SDK 收集后，经过必要的数据清洗和预处理后再发送给监控系统服务端。

数据被采集到监控系统服务端后，首先会被写入一个消息队列，并在原始日志监控系统中存储一份原始数据。例如，可以搭建一套 ELK（Elasticsearch、Logstash、Kibana）系统来方便开发人员在排查问题时查询原始数据。然后，使用 Spark 等流处理组件对消息队列中的数据进行加工处理。对于链路监控数据，可以解析其中的 traceId 和 spanId，以串联同一链路的数据。

被处理后的数据会存储到时序数据库（如 InfluxDB）中，这样就可以提供给 Grafana 进行前端数据展示。以服务端监控系统为例，具体的架构如图 6-5 所示。

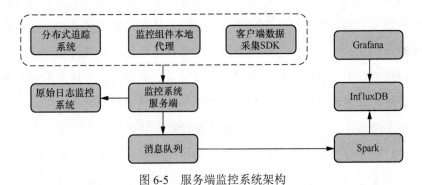

图 6-5　服务端监控系统架构

6.2　报警系统

对于监控系统来说，运维人员要做的是尽量完善监控数据和指标，避免出现缺失，这一点非常重要。否则，可能会因监控数据和指标的缺失影响问题排查的进度。例如，在我之前维护的系统中，某一天突然出现大量外网网关丢包的报警，这对业务来说是非常严重的问题。然而，开发和运维人员查看了所有的外网网关监控数据都没有发现问题。后来，在云厂商运维人员的提醒下，我才发现监控系统中并没有对网关每秒发送数据包的数量进行监控。而恰恰是这个指标的缺失导致了本次的报警。

然而，并不是每一条监控信息都需要触发报警，否则面对海量的报警信息时，开发人员根本没有时间追踪每一条报警信息产生的根本原因。久而久之，这些报警信息只能被忽略，而很可能会有一些致命的报警信息隐藏在这些海量的报警信息之中，这反而会影响系统的稳定性。

因此，配置报警也是要遵循一些原则的。谷歌公司的网站可靠性工程师 Rob Ewaschuk 写了一篇文章 *My Philosophy on Alerting*，对于报警给出了一些原则。

6.2.1 报警的原则

Rob Ewaschuk 在文章中将报警的原则总结为如下 3 个方面。

（1）报警必须是真实的、重要的、紧急的、需要人工处理的。

虚假的报警信息必须立即被删除，否则会降低运维人员对报警信息的敏感程度。而报警信息是否重要、是否需要立刻被处理，在报警规则设置时也是需要重点考虑的。如果一个报警信息既可以被立刻处理也可以过几天再被处理，那么这个报警信息就是不紧急的，是可以被移出报警信息列表的。无论是报警的真实性还是紧急性，都表明报警一定要精确、有效，在不确定报警是否有用时，宁可移除也坚决不增加报警噪声，因为过度报警比没有报警对系统的伤害更大。

此外，报警信息必须指引报警处理人员找到问题症状所在，如果报警信息仅仅包含"报警了"，这是远远不够的。而且，报警信息必须是需要人工处理的，可以通过脚本自动化解决或通过系统容错手段来兼容的问题则不需要报警。

（2）要基于症状报警，而不是基于原因报警。

例如，一个电商系统中的订单列表无法展示是一个症状，而订单数据库宕机、缓存服务故障、订单服务负载过高则是可能的原因。基于原因的报警可能会造成报警信息的重复和泛滥，并且这些原因并不一定会导致系统故障。从这点来看，越靠近用户的服务或组件的报警信息越能展现系统的问题症状，因此在设置报警规则时，应该尽量设置在离用户更近的服务或者组件上。

但是，并不是所有的基于原因的报警都是无用的，一些针对明确的、无法预先产生症状的原因的报警也是必要的。例如数据库磁盘使用率达到了 95%，在磁盘未满之前并不会对系统产生任何影响，也就无法通过基于症状的报警来通知开发和运维人员及时清理磁盘，这时基于原因的报警就是必需的。

（3）长期来看，为报警信息制作操作手册非常重要。

对每一条报警信息安排开发和运维人员做应急响应，并为每一条报警信息制作操作手册,解释报警的含义,以及处理报警信息的详细步骤是非常重要的。操作手册的重要性在于团队内的人员更替是在所难免的,即使系统运维人员比较稳定,也很难保证在出现故障时,最熟悉此故障的人员一定可以第一时间参与故障处理。只有将故障处理的经验落实在操作手册中,确保对于系统一无所知的人也可以依据操作手册来处理报警信息,才能够保证系统出现问题时可以快速处理报警信息,从而缩短故障持续时间,提升系统稳定性。

6.2.2 常见的报警收敛方法

报警收敛需要长期坚持执行,除了合理设置报警规则外,还可以采取以下几种常见的报警收敛方法。

按照业务模块和团队的对应关系对报警信息进行分组。确定哪些团队需要接收哪些业务模块的报警信息。同时,根据不同的重要程度,对报警信息进行分级并选择不同的触达方式。例如,P0 级别的报警需要立即处理,可以通过电话报警提高触达效率,降低被忽略的风险;而低级别的报警则可以采用即时通信报警或邮件报警。

多条报警信息可能存在关联关系。例如,下游系统出错可能影响上游系统,这两个系统都会产生报警。在这种情况下,应该抑制下游系统的报警,避免重复报警。

对于同一维度的报警信息可以进行聚合。例如,可以将 1 min 内某个 MySQL 实例的多条报警信息聚合成一条报警信息推送给接收者。聚合可以根据接收者、资源或时间维度进行。

针对重复的报警设置报警频率和最大报警次数。报警频率可以随着时间减少,即在问题暴露初期可以频繁报警,但随着时间推移,报警频率逐渐降低。当报警长时间未被处理时,可以降低报警频率直到达到最大报警次数后,报警被屏蔽。

6.3 全链路压测

监控和报警系统的搭建可以帮助开发和运维人员及时发现系统中已经存在的问题,并加快问题排查的进程。然而,监控和报警系统本身存在一个缺陷,即无法发现系统中潜在的问题。例如，在当前流量下系统可能没有问题，但是一旦流量发生大幅变化，一些潜在的问题可能会暴露出来。因此，需要一种方法来发现系统中的潜在问题，这就需要建立覆盖系统完整链路的全链路压测系统。

6.3.1　全链路压测的常见误区

压力测试是性能测试的一种，其主要作用是验证系统在高负载下的健壮性和稳定性。全链路压测则是指对整条业务链路进行压力测试，以发现系统的潜在问题。

然而，很多团队在进行全链路压测时是存在误区的。他们通常会在测试环境中搭建一个与线上配置一模一样的压测数据库，并将线上的数据导入该数据库中。如果线上数据量较大，他们也可能通过脚本生成一些数据并写入压测数据库中。接下来，他们会仿照线上环境的部署拓扑结构来搭建压测环境，并启动一个或多个基准测试工具或 JMeter 进程来压测某一个或某几个压测接口。压测的请求参数可以是随机生成的，也可以轮询使用几个固定的参数，最后基准测试工具或 JMeter 进程会给出压测结果。尽管这种做法简单、直接，但存在如下三大误区。

- 压测所使用的数据对于压测结果有着重要影响。通过脚本生成的数据与线上数据存在较大差异，这会影响到压测结果的准确性。如果测试数据是从线上系统中导入的部分数据，不仅导入成本较高，而且部分线上数据对压测结果的影响很难评估。

- 压测环境与线上环境也存在差异。由于成本等原因，压测环境往往无法完全复制线上环境的配置，需要按照一定的比例减少服务节点的数量。因此，基于当前压测结果乘以减少比例来估算系统承载总量是不严谨的。

- 压测时模拟的用户与系统交互方式的不同也会影响压测结果。例如，如果在压测用户服务时只压测固定用户 ID 的请求，这些请求很可能命中缓存。但在线上系统中，用户的请求会比较分散，导致缓存命中率不同，从而影响压测结果的可信度。

因此，在进行压测时，应尽量确保压测环境和线上环境的数据、配置和访问模型一致。在条件允许的情况下，最好使用线上环境中的真实数据进行全链路压测。然而，在压测环境下进行全链路压测会面临两个问题。首先，压测过程中可能会产生一些不应展示给用户的数据，例如在对电商系统的下单流程做全链路压测的时候，不能让用户看到因为压测而增加的订单。这是一个数据隔离问题。其次，在压测环境下进行压测会对线上系统产生一定影响，因此需要将压测流量与线上流量分离，必要时对压测流量进行降级，以保障线上用户的使用体验，这是一个流量隔离的问题。为了解决这两个问题，开发和运维人员在进行全链路压测时需要对业务系统进行一系列改造。

6.3.2 流量染色

首先，需要对系统流量进行染色，以区分真实用户产生的流量（即线上流量）和全链路压测的流量。实现方式是由业务系统和全链路压测系统约定一个压测标识。在压测时，全链路压测系统将这个标识下发给业务系统。对于 HTTP 请求，压测标识可以是某个请求参数或者 HTTP 头信息。例如，可以在 HTTP 头中增加一个名为 StressTestFlag 的 HTTP 头信息，当该 HTTP 头信息的值为 1 时表示压测流量，否则表示线上流量。这个压测标识在业务系统中传递时，可以参考分布式追踪系统中传递追踪数据的方式进行传递。

如果系统使用消息队列进行异步处理，那么压测标识也需要通过消息队列传递到消息处理器中，以确保同步和异步系统的流量都能被染色。压测标识在消息队列中传递可以采用两种思路，具体如图 6-6 所示。一种思路是增加一个影子队列，在业务写入消息队列时根据压测标识将线上流量的消息写入线上环境消息队列，将压测流量的消息写入影子队列。然后为这两个队列配置独立的队列处理机，实现消息的隔离。另一种思路是在消息体中约定一个字段用于存储压测标识，在队列处理机中通过解析消息体中是否包含该字段来区分压测流量和线上流量，带有这个字段即为压测流量，否则为线上流量。相比第一种思路，这种思路无须部署额外的消息队列，因此在成本上会更加节省，但在队列处理代码中需要增加冗余逻辑来处理线上流量和压测流量的消息。

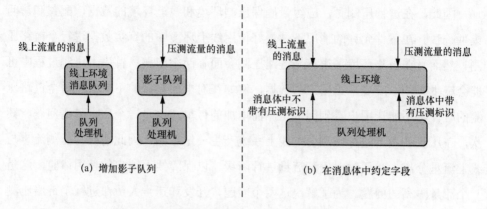

图 6-6　压测标识在消息队列中传递采用的思路示意

6.3.3　流量处理方式

在对流量打上全链路传递压测标识、做好流量染色后，系统可以针对压测流量进行特殊处理。一般来说，对于大部分内部服务和外部服务来说，压测流量应该被放行，这样内部服务和外部服务依赖的下游服务也会一起承担全链路压测流量，但是需要为依赖的服务单独设置针对压测流量的开关。这样一旦该服务在压测时出现问题，压测人员可以立即关闭压测开关，终止对该服务的压测。这样做的好处是一方面可以屏蔽压测对服务的影响，另一方面也可以快速恢复服务，以免中断压测进程。

然而，对于某些服务来说，不应该将压测流量直接引导到线上服务中。例如，对于广告服务来说，如果将压测流量直接引导到线上服务中，可能会导致广告计费不准确。这种情况下，可以将流量引导到一个虚拟服务上，以确保压测流量可以正常通过。但是需要注意的是，虚拟服务需要尽量模拟被依赖服务的响应时间分布情况，这样即使压测流量没有流经真正的依赖服务，依然可以认为压测结果是可信的。

6.3.4　影子库表

通过流量染色可以解决流量隔离的问题，而通过建立影子库表可以解决数据隔离的问题。影子库表方案针对不同类型的存储组件有一些小差异。例如，对于

MySQL 来说，影子库表方案通常是在同一个数据库实例里增加一些影子库表，这些影子库表的命名可以遵循一定的规则，如在原有库表名称的基础上增加固定的前缀或后缀。业务系统可以针对带有压测标识的流量，将数据写入这些带有前缀或后缀的影子库表中，在压测结束后直接删除这些影子库表即可。

对于像 Memcached 和 Redis 这样的缓存，可以在缓存 key 的维度进行影子存储。在原有缓存 key 的基础上增加一些前缀或后缀，并在写入时设置一个较短的过期时间。这样即使不清理这些带有前缀或后缀的缓存 key，在压测结束后它们也会很快过期，不会占用业务的存储资源。

对于业务长期使用的其他存储组件，如 Elasticsearch、MongoDB 等，它们的影子库表方案和 MySQL 的影子库表方案是类似的。关键点有两个：一是影子存储和真实存储一定要在同一个物理存储服务器上，这样可以真实模拟压测对存储服务器性能的影响；二是影子存储和真实存储的库表名称、缓存 key 名称、索引名称等应该有一定的关联，这样可以方便开发和运维人员针对压测流量做处理，以及在压测后清理压测数据。

6.3.5 全链路压测系统的架构

全链路压测系统的架构如图 6-7 所示。管理平台是面向开发和运维人员的 Web 页面，其主要作用是配置全链路压测，包括压测场景的录入、压测数据的设置等。管理平台可以开启线上服务的流量录制。业界存在许多开源流量录制工具，如 Nginx 的 ngx_http_mirror_module 可录制应用层的流量，TCPCopy 可录制 TCP 数据包并修改 TCP/IP 头信息以达到数据复制的目的，还有 GoReplay 和 Sharingan 等都是使用 Go 语言开发的流量录制工具。我维护的全链路压测系统就使用 GoReplay 作为流量录制工具，其功能比较完备，支持流量录制和加速回放，还支持按照请求 URL、Header 等多个维度过滤流量，以及修改录制的流量，从而为请求流量增加压测标识。

依据线上流量录制的数据经过一些清洗之后会被上传到数据仓库中。当开发和运维人员通过管理平台开启压测时，管理平台会请求全链路压测系统调度中心调度压测节点。为了更真实地模拟用户请求，最好将调度的压测集群部署在 CDN 的边缘节点上。如果没有这样的条件，也可以将压测集群尽量分散部署在云服务的多个地区的机房中。压测集群在启动时，会从数据仓库中读取录制流量，并向线上服务施加流量进行压测。压测流量的增加应该呈阶梯状，例如以 1000QPS 为一个阶梯，每个阶梯压测 10 ～ 20 min。最终，在压测的目标值上可以进行较长时间的压测，如 1 ～ 2 h 甚至更长时间，以验证线上服务在大流量下是否可以稳定运行。因为有些时候，在流量施加的初期并不会立即导致线上服务出现性能和可用性方面的问题，问题的出现是需要一个过程的。

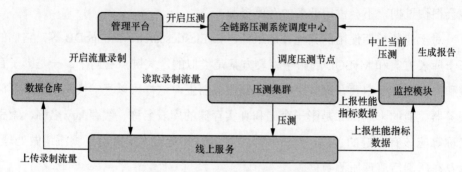

图 6-7   全链路压测系统的架构示意

在压测的过程中，压测集群和线上服务会分别从施压者角度和被压者角度，上报性能指标数据给全链路压测系统的监控模块。这些数据主要包括服务、链路和存储资源的性能指标数据。在监控模块中可以为压测过程设置警戒水位线。一旦线上服务的性能指标达到警戒水位线，负责压测的人员就会收到报警。同时，全链路压测系统会立即中止当前的压测，以避免对线上服务造成负面影响，在开发和运维人员解决问题后再恢复压测。

最后，压测结束后，监控模块可以向全链路压测系统调度中心生成一份压测报告。报告中记录了每一个压测流量阶梯上的系统性能指标情况，以及是否进行了扩容、降级、限流等运维动作。这样可以方便压测负责人回顾整个压测过程，了解通过全链路压测发现的系统的潜在问题。

6.4   故障演练

随着业务逻辑复杂度的提升，微服务系统中服务的数量增长迅速，服务之间的调用网络的复杂度也呈指数级上升。这不仅提高了故障发生的概率，还使得任何一个服务出现故障都有可能影响上下游的多个服务，从而扩大了故障的范围。

故障演练通过模拟生产环境中局部系统的故障，测试系统在面对故障时的反应，以及验证故障恢复预案的有效性。故障演练可以模拟多种故障场景。例如，在网络层面可以模拟网络延迟、网络丢包、DNS 解析失败、端口不通等多个故障场景；在服务层面可以模拟 CPU 过载、磁盘 I/O 过载、磁盘占满等基础资源的故障场景；还可以模拟 JVM 的内存溢出、方法调用延迟、方法调用抛出异常等应用级别的故障场景。模拟的故障场景越多，系统应对故障的能力越强，开发和运维人员越有维护系统稳定性的信心。

6.4.1　故障演练的原则

对系统进行故障演练需要遵循以下几个原则。第一个原则是故障演练必须在正式环境中进行，因为只有在正式环境中才能真实地模拟故障场景。当然，也需要尽量避免演练对线上用户体验造成影响，这是故障演练的第二个原则。为了遵循第二个原则，可以采取以下 3 种方式：

- 将故障演练安排在流量低峰期进行，以减少受影响的线上用户的数量；
- 故障演练应首先被控制在较小范围内进行，例如先在非核心服务和非核心存储组件上进行，然后逐步推进到核心服务和核心组件上；
- 需要提供快速恢复的手段，以便在演练过程中出现问题时能够迅速恢复正常状态。

最后一个原则是故障演练的过程需要尽量实现自动化和常态化。由于业务需求的增加会导致系统的复杂性提高，因此需要定期、持续地进行故障演练，以观测故障影响并验证预案的有效性。

6.4.2　故障演练的标准执行流程

故障演练的标准执行流程主要分为故障演练前、故障演练中和故障演练后 3 个阶段。

在故障演练前，需要确认演练对象和目标，例如演练某个服务在连接某一个或几个 MySQL 实例时的网络延迟和丢包场景。然后，针对演练目标选择合适的演练负责人，并由其制订故障演练计划，评估故障的影响以及准备对应的故障处理预案。此外，在故障演练前必须通知可能受到影响的服务或系统的负责人，包括演练的时间、目标和影响范围。如果担心在流量低峰期进行故障演练会因为流量过低而无法真实反映高峰期故障的影响，可以考虑借助全链路压测系统的能力，在故障演练时将高峰期的流量录制并回放到线上系统中。

在故障演练中，首先演练负责人使用故障演练工具进行故障注入，观察监控数据确认系统表现是否符合预期。然后演练负责人执行故障处理预案，观察监控数据确认故障是否已经被处理。如果故障没有被处理，应立即终止故障演练，避免对线上系统产生持续影响。在故障演练过程中，应详细记录故障注入后以及执行故障处理预案后系统的性能数据，以便后续编写故障演练报告并为制定故障处理措施提供数据支持。

在故障演练后，首先，从监控数据中确认注入的故障已完全被处理，并清理故障演练过程中产生的测试数据。然后，汇总故障演练中记录的数据，完成故障演练报告，报告中需要至少写清故障演练的目的、场景和过程。最后，根据故障处理预案的执行结果，发现预案问题，持续优化预案，为下一次故障演练做准备。

6.4.3   故障演练工具

开源的故障演练工具有很多，例如由 PingCAP 公司开源的云原生混沌工程平台 Chaos Mesh，提供了丰富的故障模拟类型，具备强大的故障编排能力。Netflix 公司也开源了自研的故障演练工具 Chaos Monkey，它可以随机终止虚拟机，帮助工程师发现系统中的薄弱点，而由阿里巴巴开源的混沌工程平台 ChaosBlade 在国内的应用范围也很广。无论使用哪种工具，其核心在于如何透明地将故障注入业务系统中。

实际上，这些工具在故障注入方面的原理也比较简单。了解了原理之后，即使不使用故障演练工具，也可以自行模拟故障场景进行故障演练。例如，想要模拟 CPU 负载高，可以执行复杂的计算任务；网络延迟是非常常见的，无论是网络抖动或者拥塞，还是 MySQL 负载高、存在慢 SQL 查询等存储系统本身的性能问题，都可以通过网络延迟来模拟。而网络延迟模拟的工具是 Linux 内核的流量控制命令 tc，它通过控制数据在网卡队列中的延迟接收或随机丢弃来模拟网络延迟和丢包。类似地，磁盘 I/O 负载高可以通过使用 Linux 的 dd 命令写入大文件来模拟。

开源的故障演练工具大多是对上述原理和命令的封装，方便开发和运维人员快速注入故障，实施故障演练。

6.5　稳定性保障流程

在确保系统稳定性时，除了考虑系统因素外，也必须考虑人的因素。毕竟，系统是由人来运维的，而开发团队往往拥有较高的权限。如果没有一定的流程和制度管控，一旦开发团队出错，对系统稳定性的影响就会较为严重。因此，对于一个频繁出现故障的系统，我们不仅仅需要审视系统中存在的技术问题，还需要反思是否缺乏必要的开发流程和规范来规避问题。我们需要考虑开发团队是否在遵守既定规范方面存在疏漏。

开发团队的负责人绝不能只关注系统而忽视了人。系统的逻辑是固定的，但人是具有自由意志的。因此，开发团队需要通过规章制度和必要的惩罚措施来统一团队成员的思想，加强团队成员对线上系统的敬畏感。只有这样才能最大程度地降低故障风险。

6.5.1　控制变更流程

稳定性保障流程的第一步就是对变更流程制定规范。谷歌公司的稳定性保障团队指出 70% 的故障是由变更导致的，而在我来看这个比例还是比较保守的，可能 90% 的故障都是由变更导致的，因此在管理一个项目或者团队时，变更流程规范是优先要制定的开发规范。在变更流程中，首先要明确变更不仅仅指的是代码的上线，还应该包括配置变更、线上 SQL 执行、线上缓存数据变更、负载均衡配置变更等多种操作，可以认为线上系统链路上任何服务和组件的变更都要遵循变更流程规范。

在变更流程规范中，首先要规定任何线上变更都必须是"可观测、可灰度、可回滚"的。可观测指的是系统中必须存在完善的监控体系，在变更过程中可以随时观测到系统性能和可用性情况；可灰度指的是变更生效范围是可控的，先做小范围变更，验证没有问题后再做更大范围的变更。

而通常为了减少变更对于用户体验的损害，开发团队还会在进行灰度变更之前增加一个白名单验证的过程，即遵循"先白，再小范围灰，然后大范围灰，最后全量"的变更过程。例如将某个域名的 CDN 服务提供商从 A 切换到 B，标准的做法是以公司内部用户作为白名单，先切换公司内网的 DNS 解析，把访问域名指向新的 CDN 服务。如果公司内部用户使用没有问题，再把某个地区某个运营商的链路切换到新的 CDN 服务上，观测 CDN 服务的请求量、状态码、回源状态码等多个指标，没有问题后，再逐步切换更大范围内的链路到新的 CDN 服务上，直到实现全量变更。而可回滚指的是在变更前需要制定完善的回滚方案，且回滚方案在变更之前一定要在测试环境做过验证。

接下来就要在变更流程规范中规定恰当的变更时间和频率。变更时间通常选择业务的低峰期，可以通过观测监控数据来确认。变更频率视项目规模而定，如果项目规模较大，那么可以规定一周一次或者两次变更；如果项目规模较小，可以规定一周 4 次或者更多次变更。一般来说，周末和节假日的前一天应该避免变更，避免休息日没有运维人员可以实时处理变更导致的问题。如有必要，可以在放假时间较长的节假日前，如国庆节和春节假期前，规定节假日前 2～3 天不允许变更，以保障节假日期间系统的稳定性。

书写标准、规范的上线文档也是变更流程规范中的重要一环。上线文档中应该首先写明本次上线的内容、时间、对应的需求、上线审核人员以及上线的周知人员。然后列举出本次上线需要变动的内容，包括代码地址，配置变更内容，数据库、缓存、队列、负载均衡、定时任务等多个依赖资源或者服务的变更项，例如哪个数据库实例的哪个库变更什么表、哪个队列需要增加新的 topic 等。如果本次上线涉及多个服务，那么还要在上线文档中写清楚多个服务的上线顺序。最后把上线的回滚方案附在上线文档中。上线文档可以帮助上线人员理清上线思路，避免因为遗漏某些上线检查项而导致上线时出现问题。

上线后对于系统的观察也是非常必要的，甚至对于重大的线上变更需要专门书写一份上线后的观察文档。上线后的观察内容包括用户监控、上线服务监控、上线服务涉及的存储资源监控以及日志监控，观察的时间至少为 0.5 h。上线后细致地观察可以避免系统故障的发生。我曾经在某次上线后通过观察发现某个缓存实例的命中率在上线后降低了 40%，进而通过排查代码确认是因为上线功能中没有对空数据做缓存，导致了缓存穿透的发生。在紧急上线代码修复后，此缓存实例的命中率恢复正常，避免了潜在的故障发生。

除此以外，上线变更一定要进行审核和通知。在最初建立变更流程规范时，可以创建一个上线周知群组，将上线可能涉及的全部相关人员添加到群组中。每一次线上变更都需要在此上线周知群组中通知上线内容、影响范围、操作时间、回滚方案、上线文档地址，并且通知上线审核人员，审核人员审核通过才能进行上线。

合理的上线时间、规范的上线通知、完善的上线文档和详尽的回滚方案应该被列入开发团队的"红线"，是绝对不能被挑战和违背的。一旦在这几点上出现任何问题，那么大的系统故障很可能马上就要发生了。

6.5.2　整理SOP文档

SOP 文档指的是任何线上操作都需要有文档化的 SOP。它是一套能够正确执行重复的、重要的操作的书面指南，确保即使新入职的人员按照 SOP 文档操作，也可以顺利完成线上的变更操作。SOP 文档的存在不仅可以保障系统的稳定性，还可以消除员工对于线上操作的认知差异，提升操作执行的效率。

常见的 SOP 文档有很多，例如服务器开通 SOP 文档、故障处理 SOP 文档、执行全链路压测 SOP 文档等。SOP 文档需要保持更新，因为系统和团队都有可能发生变化。因此，每隔至多一年的时间就需要重新审阅和修订 SOP 文档，以确认其中记录操作的正确性。

6.5.3　重视故障复盘机制

故障复盘是对已经发生的系统故障进行深入思考和总结的过程。对于任何开发团队来说，故障是难以避免的，但通过故障复盘，可以避免同样的故障再次发生。一次故障复盘过程需要包含以下几个方面的内容讨论。

- 为什么会出现这次故障？是系统中存在缺陷吗？根本的原因是什么？还是人为原因导致的？是否需要对某些流程进行优化？还是在某些流程的执行过程中存在问题？
- 系统为什么不能容错？是因为缺少容错手段还是容错手段失效了？或者是此手段并不能做到自动化容错，需要人工的参与？
- 故障是否可以更早发现？系统的监控和报警系统是否需要完善？系统值班人员是否存在懈怠的情况？是否缺少必要的故障排查和定位手段？此故障排查的 SOP 是否文档化并在开发和运维团队内宣讲？
- 故障是否可以更快速地处理？是否存在快速恢复的手段？为什么当时没有进行回滚？回滚方案是否不完善？此故障处理方案是否已经文档化并在团队内进行了通知？
- 如何避免再次发生此故障？是需要做系统优化，还是需要强化开发流程？

故障复盘之后会产生一些待办事项，故障复盘的组织者需要针对这些待办事项设定最晚的完成时间，并不断检查待办事项是否完成，直到所有事项完成才可以认为完成了此次故障复盘。

6.5.4　做好日常系统梳理

俗话说"养兵千日，用兵一时。"系统运行是否稳定取决于开发和运维团队是否对系统细节进行了足够细致的梳理。多梳理一分，团队对于系统的把控性就会增强一分，对系统的细致梳理在关键时刻可能会派上用场。

团队在进行系统梳理时，可以遵循系统架构五视图方法论，分别从逻辑视图、开发视图、物理视图、运行视图和数据视图来全面梳理系统。

- 逻辑视图关注系统提供的功能和服务，例如系统分为多少个子系统、模块，每个子系统和模块的运维团队和负责人是谁，这些子系统和模块之间的关系是什么，每个子系统和模块提供了哪些接口，关键的业务流程有哪些，等等。

- 开发视图关注开发层面的细节，例如系统依赖了哪些第三方服务和框架、使用了哪些第三方工具包、应用了哪些中间件等。
- 物理视图说明系统部署和网络拓扑的细节，例如系统是容器化部署还是物理机部署，采用了微服务架构还是单体服务架构，部署了多少个服务，服务之间的通信协议是什么，网络拓扑结构如何，是否实施了同城双活或者异地多活，等等。
- 运行视图着重表现系统运行的细节，例如接口请求吞吐量、响应时间分布情况，系统是串行执行还是并行执行、是同步执行还是异步执行，等等。
- 数据视图则关注数据存储情况以及数据之间的关系，例如部署了多少个数据库，数据的量级如何，是否进行了分库分表，部署了多少个缓存节点，缓存命中率如何，等等。

通过以上几个维度的梳理，团队可以对系统有一个全面细致的认识。然而，更为关键的是在此基础上理清系统中存在哪些核心链路，以及在核心链路上部署了哪些服务和存储资源，找出这些服务和存储资源中哪些是强依赖的、哪些是弱依赖的。弱依赖的服务和存储资源可以进行熔断降级，而对于强依赖的资源和存储服务则需要增加冗余，并且将它们隔离到一个相对独立和安全的环境中进行重点保障。这样开发团队在进行系统运维和稳定性保障时才能抓住重点。

对于大部分团队来说，服务的数量通常远远大于团队成员的数量。例如，我曾经带领 20 个人维护 200 多个微服务。如果没有明确的重点，那么团队可能会因为无法集中开发资源解决重点问题而导致无法有效地进行系统运维。

6.6 小结

高并发系统的运维的关键在于提升把控性，包括对系统和团队的把控性。本章介绍的方法包括，通过报警系统指引报警处理人员定位问题并快速处理系统故障，通过全链路监控全面了解系统运行状况，通过全链路压测了解系统瓶颈，通过故障演练了解系统薄弱点，通过稳定性保障流程来规范开发和运维人员的行为。这些方法能够从多个角度全面呈现系统的各个方面，对于系统运维人员，尤其是开发团队的负责人来说是至关重要的。

此外，团队在系统运维中的重要性也不可忽视。尤其在管理新团队或者不稳定团队时，制定开发规范并严惩违反规范的行为非常重要。提高标准，针对系统运行过程中的性能衰减和系统故障做好巡检、根因追查和故障复盘，在系统稳定性保障方面做优化往往比在系统层面做优化受益更快。